동물보건 교육 실습서

동물보건 교육 실습서

김옥진 · 이미진 · 유광수
이현아 · 강원국 공저

동문사

머리말

동물보건사는 동물병원에서 수의사의 지도 아래 동물의 간호나 진료 보조업무를 수행하는 전문직종으로, 동물을 진료하는 수의사를 보조하기 위해서는 전문성을 갖춘 동물보건사 양성을 위한 교육프로그램의 이수가 필요하다. 동물보건사가 되기 위해서는 농림축산식품부장관의 평가인증을 받은 양성 기관에서 일정 수준의 이론과 실습교육을 이수하고, 국가자격시험에 응시해 자격증을 취득하여야 한다.

본 교재는 동물보건사 국가자격시험 응시를 위해 필수인 동물보건사 평가 인증 대학 교육 과정의 실습 과목들의 효율적인 학습을 도모할 수 있는 기본 지침서로 활용하고자 작성되었다.

변화하는 동물의 질병 양상과 그에 따른 동물병원 의료 환경의 변화에 대응하기 위해 수의사를 비롯한 동물보건사 전문 인력의 고도화된 실무능력에 대한 요구가 증가하고 있다.

다양한 환자동물의 상태에 맞춘 개별화된 동물간호 제공을 위한 교육은 동물보건사 전문직을 양성하는 대학과 교수자의 책무이며 정확하고 효과적인 기본 실습 교육을 제공하기 위한 노력은 계속되어야 한다.

본 실습서 교재는 최신 농림축산식품부장관의 평가인증 교과목의 실습 교육 항목 등을 포함한 근거 있는 동물보건학과 실습 교육 수행에 적용할 수 있도록 개발되었다. 학습자들이 본 교재를 활용하여 쉽게 따라 할 수 있도록 학습 목표와 방향을 제시하고 있으며 실습의 과학적 근거를 제시함으로써 원리를 이해하며 실습 교육을 할 수 있도록 계획되었다.

본 실습서의 출간이 예비 동물보건사 학생들의 효율적인 실습 진행에 크게 기여할 것으로 기대하며 본 교재의 완성을 위하여 인용 및 발췌를 허락하여 주신 여러 선배님들에게 또한 감사드린다. 본 실습서가 역량 있는 동물보건사를 희망하는 학생들에게 학습 방향과 성과를 제시하여 줄 수 있으면 하는 바람으로 이 글을 맺을까 한다.

저자 일동

차 례

Chapter 01

동물해부학 및 실습

학습 목표

- 동물세포의 일반구조와 기능에 대해 이해할 수 있다.
- 신체조직의 기능에 대해 이해할 수 있다.

학습 내용

1. 동물신체의 기본구조
2. 골격계통 구조와 기능
3. 근육계통
4. 신경계통
5. 호흡기계통
6. 소화기계통
7. 비뇨기계통
8. 생식기계통
9. 내분비계통

1 동물신체의 기본구조

실습 목적

1. 동물세포의 일반적 구조와 기능에 대해 이해한다.
2. 신체 조직의 기능에 대해 이해한다.
3. 몸 안과 공간에 대해 이해한다.

실습 준비물

- 교과서
- 색연필
- 개와 고양이 모형

실습 방법

1. 해설을 읽음으로써 개의 몸 구조를 이해한다.
2. 여러 가지 기관을 그림으로 색칠한다.
3. 개와 고양이 모형을 보며 위치 및 명칭을 학습한다.

1) 세포의 구성

<table>
<tr><td rowspan="4">핵
(Nucleus)</td><td>염색체
(Chromosome)</td><td>세포의 성장, 생존 그리고 생식에 필요한 모든 정보를 담은 DNA와 단백질의 결합체</td></tr>
<tr><td>핵인 또는 핵소체
(Nucleololus)</td><td>핵 내부의 응축구조로 단백질과 RNA로 구성됨
대부분의 세포가 하나 혹은 그 이상을 담고 있음
세포질의 단백질 합성을 조절하는 기능</td></tr>
<tr><td>핵막
(Nuclear membrane)</td><td>진핵세포에서 핵을 감싸고 있는 인지질로 구성된 이중막 구조</td></tr>
<tr><td>핵공
(Nuclear proe)</td><td>핵막에 존재하며, 핵 내외로 물질이 이동하는 통로</td></tr>
<tr><td rowspan="5">세포질
(Cytoplasm)</td><td>미트콘드리아
(Mitochondrion)</td><td>자체적인 DNA와 리보솜을 함유하며 세포호흡에 관여함
호흡이 활발한 세포일수록 많은 미토콘드리아를 함유
산소를 이용해 에너지(ATP)를 생산하는 세포의 발전소</td></tr>
<tr><td>소포체
(Endoplasmic reticulum)</td><td>세포질그물이라고 함
관이나 편평한 주머니 형태
리보솜의 존재에 따라 조면소포체와 활면소포체로 분류함
조면소포체: 세포의 외부로 분리하는 단백질 합성
활면소포체: 지질과 탄수화물 합성, 독성물질 분해</td></tr>
<tr><td>골지체
(Golgi apparatus)</td><td>단백질 농축, 탄수화물 합성</td></tr>
<tr><td>리소좀
(Lysosome)</td><td>가수분해 효소를 함유하고 있음
단백질, 탄수화물, 지방 등을 파괴하고 용해
세포내소화, 이물질 소화, 세포외 물질의 분해, 자가소화 작용</td></tr>
<tr><td>섬모(Cilium)와
편모(Flagellum)</td><td>세포의 표면에 존재하는 가늘고 긴 이동용 세포 소기관
섬모는 짧고 수가 많으며, 편모는 수가 적고 길이가 긴 편임
대표적인 예〉 편모셈포로 편모운동을 하는 정자세포</td></tr>
</table>

세포의 구성

실습 일자	월 일 ( ) 주차
실습 내용	세포의 구조에 따른 명칭을 각각 쓰시오. 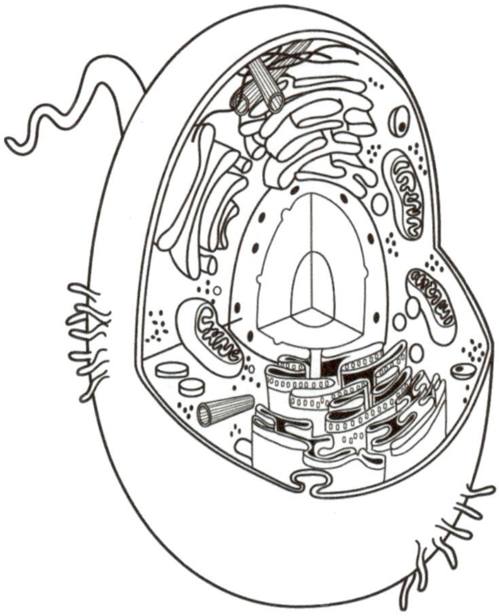 그림 1.1 포유류 세포의 구성성분
내용 요약	

2) 해부학적 용어 정의

단면 용어	단면(Plane)	해부학적으로 사용되는 동물 신체의 절단 면
	정중면, 정중단면 (median plane)	머리, 몸통, 사지를 오른쪽과 왼쪽이 똑같게 세로로 나눈 단면
	시상단면 (Sagittal plne)	정중단면과 평행하게 머리, 몸통, 사지를 통과하는 단면
	가로단면 (Transverse plne)	긴 축에 대하여 직각으로 머리, 몸통, 사지를 가로지르는 단면
	등단면 (Dorsal plane)	정중단면과 가로단면에 대하여 직각으로 지나는 단면
	축(Axis)	몸통 또는 몸통의 어떤 부분의 중심선
위치와 방향 용어	등쪽(Dorsal)	등을 향한 쪽배
	배쪽(Ventral)	배를 향한 쪽 외측
	외측(Lateral)	정중단면으로부터 벗어났거나 비교적 멀리 떨어진 쪽
	내측(Medial)	정중단면을 향한 쪽 또는 비교적 정중단면에 가까운 쪽
	앞쪽 (cranial/anterior)	머리를 향한 쪽
	뒤쪽 (Caudal/posterior)	꼬리를 향한 쪽
	주둥이쪽(Rostral)	코를 향한 쪽
	근위(Proximal)	몸통 쪽에 비교적 가까운 곳
	원위(Distal)	몸통 쪽에서 떨어진 곳
	얕은(Superficial)	비교적 몸통의 표면에 가까운 쪽
	깊은(Deep)	몸통의 중심 또는 어떤 기관의 중심에 가까운 부분
	속(Internal, inner	기관, 체강 또는 구조의 중심이나 가까운 쪽
	외(External, outer)	기관 또는 구조의 중심에서 멀리 있는 쪽
	요골쪽(Radial)	전완에서 노뼈(요골)가 위치하고 있는 쪽
	척골쪽(Ulnar)	전완에서 자뼈(척골)가 위치하고 있는 쪽
	경골쪽(Tibial)	뒷다리에서 정강이뼈(경골)가 위치하고 있는 쪽
	비골쪽(Fibular)	뒷다리에서 종아리뼈(비골)가 위치하고 있는 쪽
	앞발바닥쪽(Palmar)	앞발에서 볼록살이 위치하는 면
	뒷발바닥쪽(Plantar)	뒷발에서 볼록살이 위치하는 면

해부학적 용어

실습 일자	월 일 ( ) 주차
실습 내용	해부학적 명칭을 각각 쓰시오. 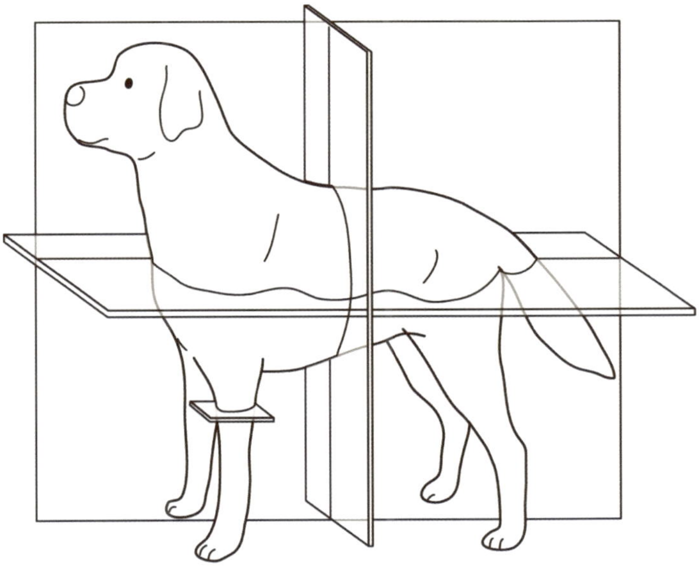
내용 요약	

2. 골격계통 구조와 기능

실습 목적

1. 뼈 발생에 대해 이해한다.
2. 뼈의 구조와 기능에 대해 이해한다.
3. 몸통 뼈대에 대해 이해한다.
4. 다리 뼈대에 대해 이해한다.
5. 관절의 구조에 대해 이해한다.

실습 준비물

- 교과서
- 색연필
- 개와 고양이 모형

실습 방법

1. 해설을 읽음으로써 개의 몸 구조를 이해한다.
2. 여러 가지 기관을 그림으로 색칠한다.
3. 개와 고양이 모형을 보며 위치 및 명칭을 학습한다.

1) 뼈 발생

대부분의 뼈들은 태어나기 전인 태아(fetus) 시기에 연골속뼈되기(endochondral ossification)에 의해서 발생한다. 배아 내부에 형성된 유리연골을 뼈로 대체하는 방식으로 배아단계에서 이러한 방식의 뼈 형성이 시작되며, 성숙과 성장이 완료할 때까지 계속되며, 사지의 긴뼈가 이러한 방식으로 형성된다.

그림 1. 배아에 연골모형(cartilage model)이 형성
그림 2. 일차뼈되기중심(primary centresof ossification)이 뼈줄기(bone shaft)의 뼈몸통(diaphysis)에 형성
그림 3. 이차뼈되기중심(secondary centresof ossification)이 뼈 양쪽의 뼈끝(epiehysis)에 형성되어 뼈발생이 진행
그림 4. 뼈파괴세포(osteoclast)에 의해 중심부의 뼈조직을 제거하며 골수공간(bone marrow cavity)을 형성 • 동시에 뼈모세포에의해 바깥쪽에 뼈가 계속 형성
그림 5. 뼈몸통(diaphysis)과 뼈끝(epiphysis) 사이에 얇은 연골띠는 성장판(growth plate) 또는 뼈끝판(epiphysialplate)이라 불리며 동물이 성장하는 동안 계속 뼈가 자라게 함
그림 6. 몸쪽 성장판이 닫히고 뼈의 성장이 멈춤

뼈 발생

실습 일자	월 일 ( )주차
실습 내용	뼈 발생 과정 명칭을 각각 쓰시오. 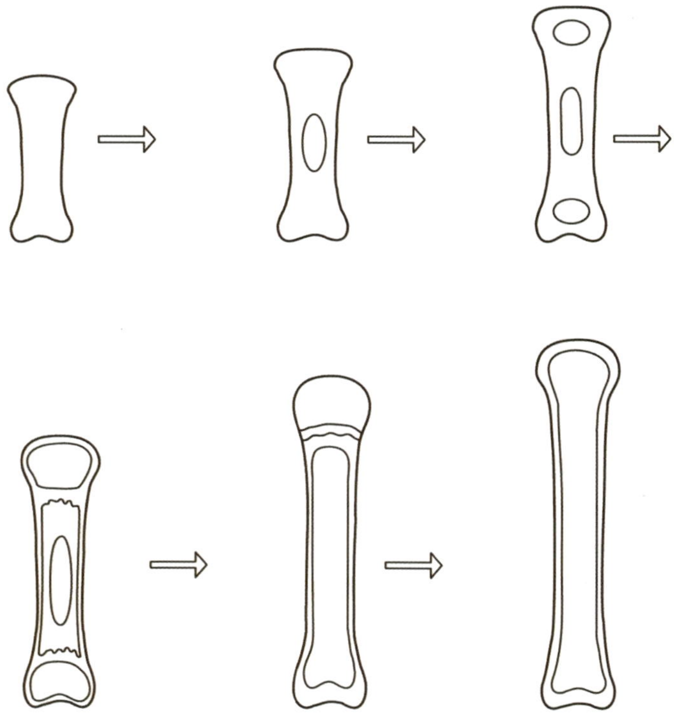
내용 요약	

2) 골격계통

(1) 뼈대 분류

몸통 뼈대	머리뼈와 척주, 갈비뼈로 구성되어 몸통 축을 형성
다리 뼈대	앞다리와 뒷다리뼈, 그리고 몸통과 이어지는 이음뼈 구성
내장 뼈대	개와 고양이에서는 음경조직 내에만 존재하는 음경뼈 포함

(2) 뼈의 기능

지지	동물의 몸체를 '지지'한다.
운동	뼈대계통은 근육이 부착되는 부위를 제공한다.
보호	동물 체내의 연부 조직을 보호한다.
저장	뼈대계통은 필수 무기질, 칼슘, 그리고 인산염을 저장한다.
조혈	골수에서는 적혈구를 생성한다.

뼈대계통

실습 일자	월 일 ( ) 주차
실습 내용	골격에 따라 명칭을 각각 쓰시오. 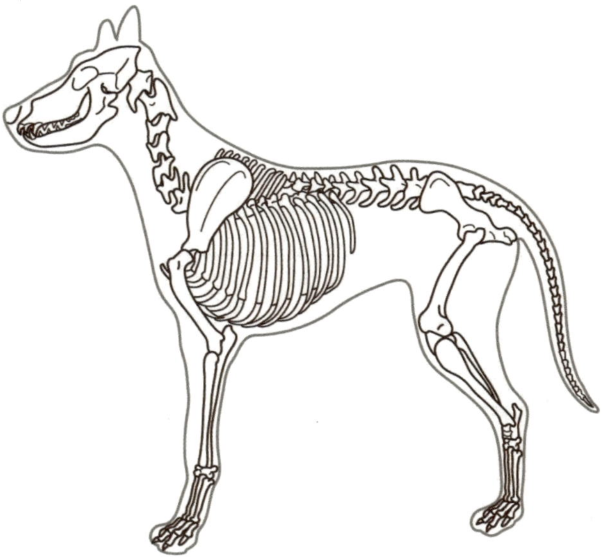
내용 요약	

몸통뼈대 1

실습 일자	월 일 ( ) 주차
실습 내용	머리뼈 명칭을 각각 쓰시오. 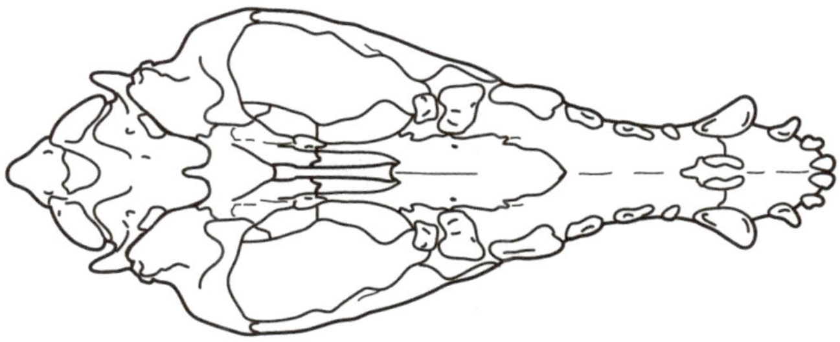 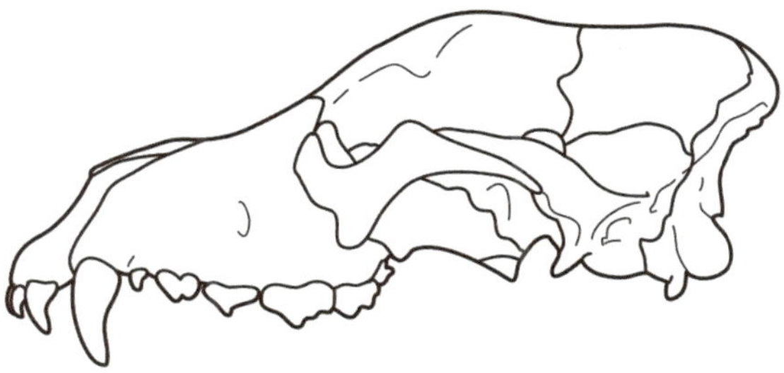
내용 요약	

몸통뼈대 2

실습 일자	월 일 ( ) 주차
실습 내용	머리뼈의 모양 명칭을 각각 쓰시오. 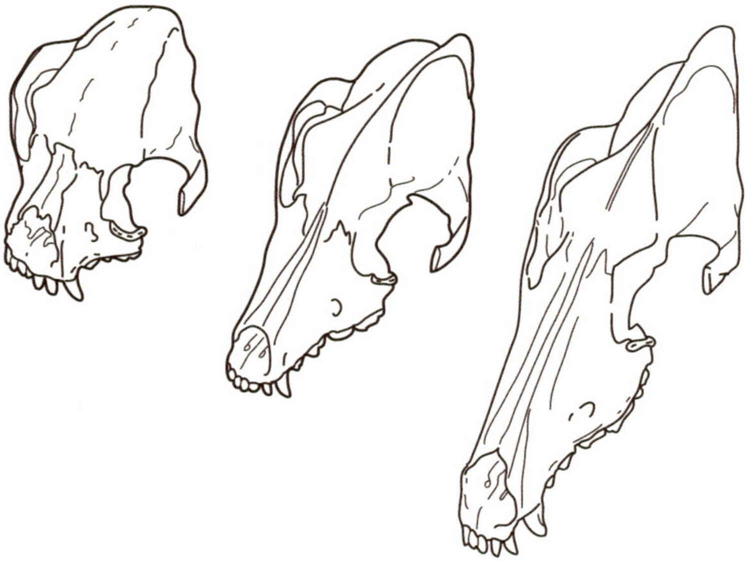
내용 요약	

몸통뼈대 3

실습 일자	월 일 ( ) 주차
실습 내용	척추뼈 명칭을 각각 쓰시오. 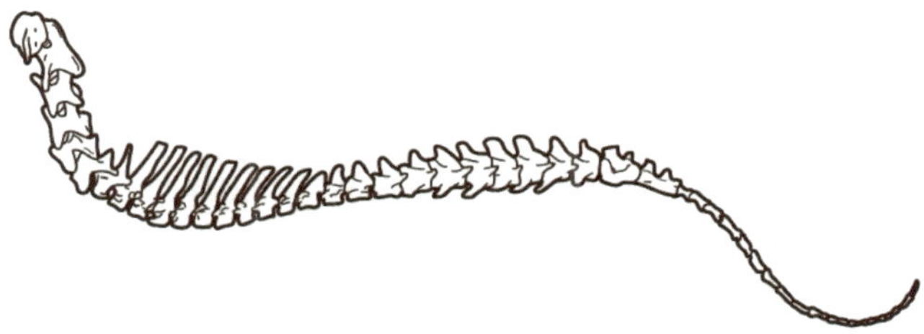 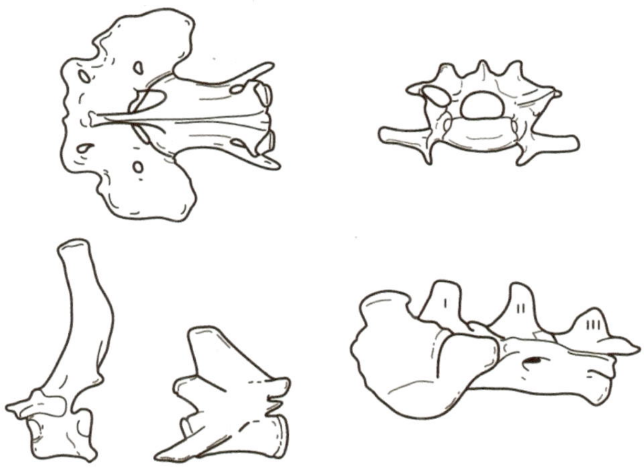
내용 요약	

몸통뼈대 4

<table>
<tr><td>실습 일자</td><td colspan="2">월 일 ( )주차</td></tr>
<tr><td rowspan="3">실습 내용</td><td colspan="2">늑골과 흉골 명칭을 각각 쓰시오.</td></tr>
<tr><td>늑골과
흉골
척추
배쪽면</td><td>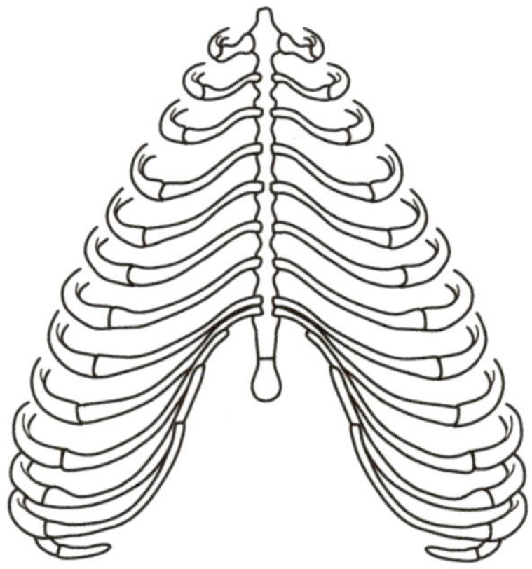</td></tr>
<tr><td>늑골과
흉골
척추
외측면</td><td>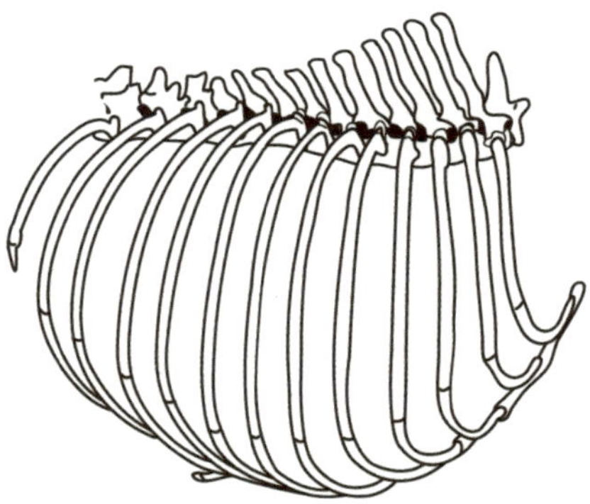</td></tr>
<tr><td>내용 요약</td><td colspan="2"></td></tr>
</table>

사지뼈대 1

실습 일자	월 일 ( ) 주차
실습 내용	앞다리뼈 명칭을 각각 쓰시오. 어깨뼈 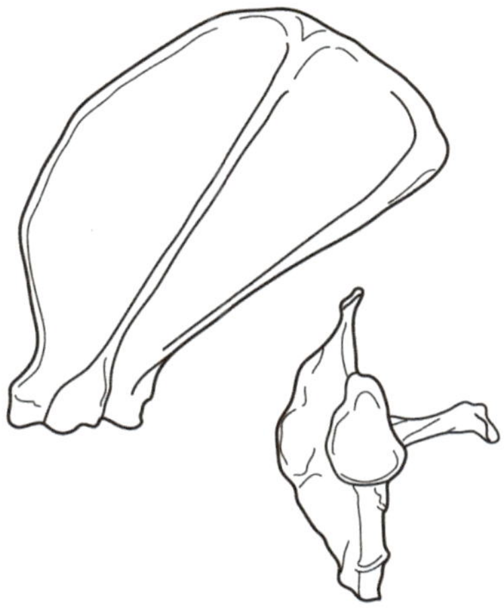 상완뼈 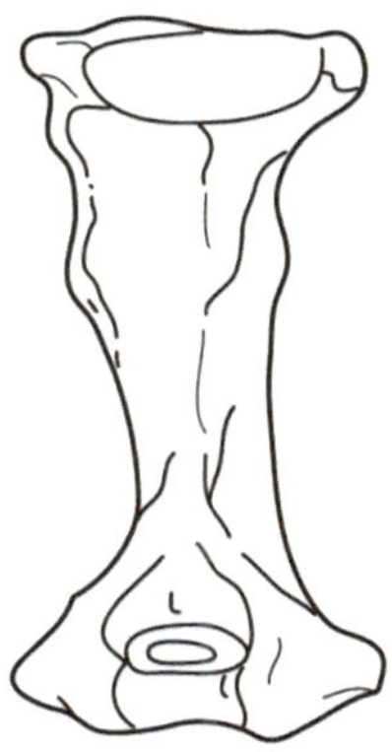
내용 요약	

사지뼈대 2

<table>
<tr><td>실습 일자</td><td colspan="2">월 일 ( ) 주차</td></tr>
<tr><td rowspan="4">실습 내용</td><td colspan="2">앞다리뼈 명칭을 각각 쓰시오.</td></tr>
<tr><td>노뼈, 자뼈</td><td>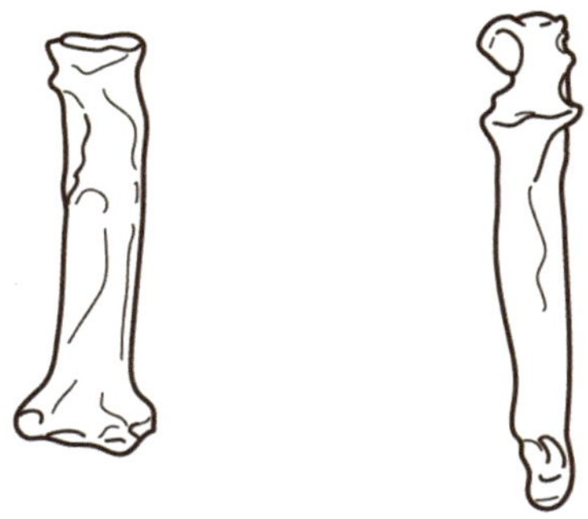</td></tr>
<tr><td>앞발목뼈,
앞발가락뼈</td><td>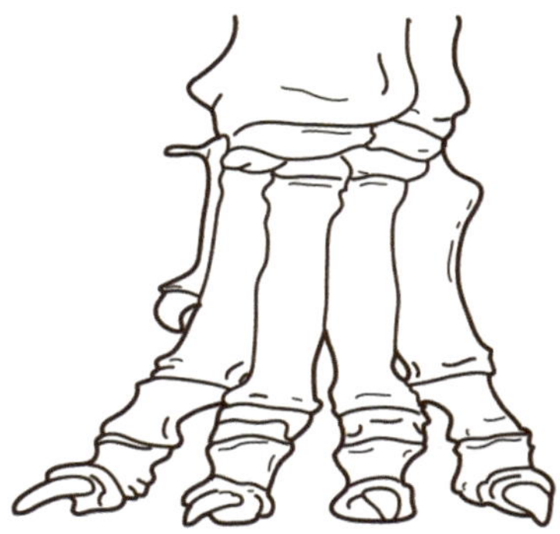</td></tr>
<tr><td colspan="2"></td></tr>
<tr><td>내용 요약</td><td colspan="2"></td></tr>
</table>

사지뼈대 3

<table>
<tr><td>실습 일자</td><td colspan="2">월 일 ( ) 주차</td></tr>
<tr><td rowspan="3">실습 내용</td><td colspan="2">뒷다리뼈 명칭을 각각 쓰시오.</td></tr>
<tr><td>골반뼈</td><td>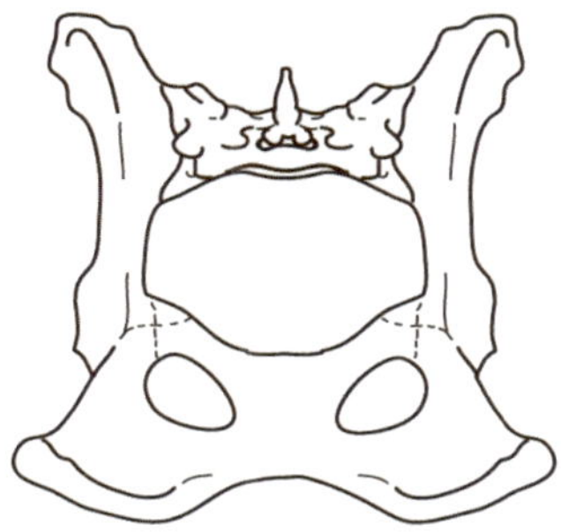</td></tr>
<tr><td>넓다리뼈</td><td></td></tr>
<tr><td>내용 요약</td><td colspan="2"></td></tr>
</table>

3) 관절의 구조

섬유관절	섬유관절은 움직이지 않는 구조로 치밀섬유결합조직(dense fibrous connective tissue)으로 구성 예) 머리뼈 봉합구조
연골관절	연골관절은 제한된 형태의 운동만을 가능 예) 두덩결합, 아래턱결합
윤활관절	가동관절(diarthrosis)로써 뼈는 윤활액(synovial fluid)으로 채워진 관절안(joint cavity)에 의해 분리되어 있으며 관절주머니(joint capsule)로 싸여있음 예) 십자인대

(1) 윤활관절 운동의 종류

분류	설명	예
평면/활주 관절	뼈가 한 면 방향으로만 관절하여 평면운동만 가능	앞발목/뒷발목의 사이관절
경첩관절	접히고 펴는 한쪽 방향으로의 운동	앞다리굽이/무릎의 관절
회전관절	원과 직선모양의 관절, 축 중심으로 회전운동	고리뼈와 중쇠의 관절
관절융기관	볼록한 융기부분이 오목과 만나 접고 펴는 동작을 함	뒷발꿈치 또는 뒷발목관절
절구공이관절	절구와 공이 구조로 넓은 반경의 운동이 가능함	엉덩관절, 어깨관절

관절의 구조

실습 일자	월 일 ( ) 주차
실습 내용	관절구조의 명칭을 각각 쓰시오. 섬유관절: 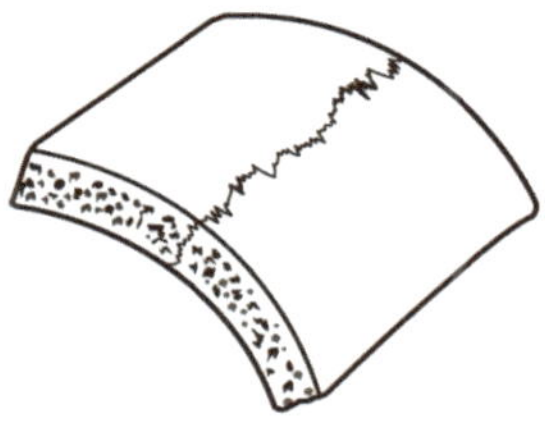  연골관절: 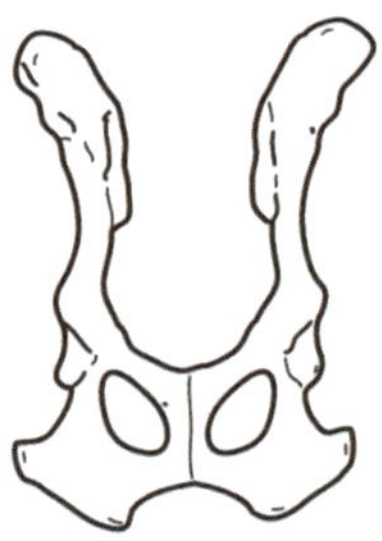 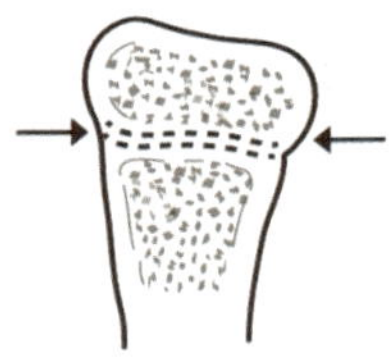 윤활관절: 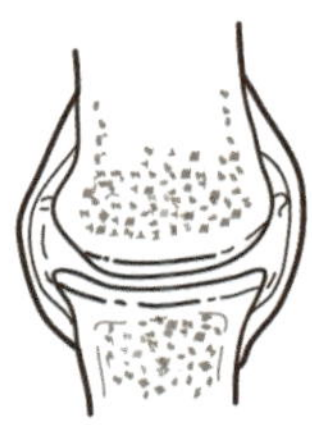
내용 요약	

3 근육계통

실습 목적

1. 근육의 구조와 역할에 대해 이해한다.
2. 골격근육에 대해 이해한다.

실습 준비물

- 교과서
- 색연필
- 개와 고양이 모형

실습 방법

1. 해설을 읽음으로써 개의 몸 구조를 이해한다.
2. 여러 가지 기관을 그림으로 색칠한다.
3. 개와 고양이 모형을 보며 위치 및 명칭을 학습한다.

1) 근육계통

(1) 바깥갈비사이근(외측늑간근, external intercostals)

대부분의 근막과 피부근을 제거한 후 나타나는 얕은 층 근육의 외측면

- 골격근(수의근)으로써 의지에 따라 조절되며, 가로줄무늬(cross striation)가 나타난다.
- 심장근(cardiac m.)의 근섬유도 가로줄무늬가 나타나지만, 박동은 불수의적 운동이다.
- 평활근(smooth m.)은 가로줄무늬가 없고, 불수의적으로 수축운동이 일어난다. 평활근은 혈관, 장관, 방광, 자궁, 털세움근에서 관찰된다.
- 근육의 기능은 운동, 호흡, 순환, 소화, 번식에 작용한다. 또한 근육은 얼굴표정, 털세움, 꼬리 흔들기나 짖을 때에 필요하다.

(2) 속갈비사이근(내측늑간근, internal intercost)

- 펴짐근(extensor mm): 관절을 구성하는 두 뼈가 서로 멀어지도록 밀어낸다.
- 굽힘근(flexor mm): 관절을 구성하는 두 뼈가 서로 가까워지도록 끌어당긴다.

바깥갈비사이근(외측늑간근, external intercostals)

실습 일자	월 일 ( ) 주차
실습 내용	바깥갈비사이근 명칭을 각각 쓰시오. 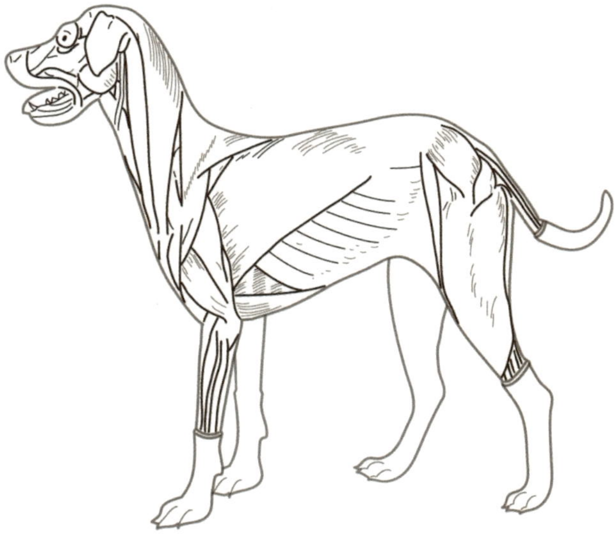
내용 요약	

속갈비사이근(내측늑간근, internal intercost)

실습 일자	월 일 ( ) 주차
실습 내용	속갈비사이근 명칭을 각각 쓰시오. 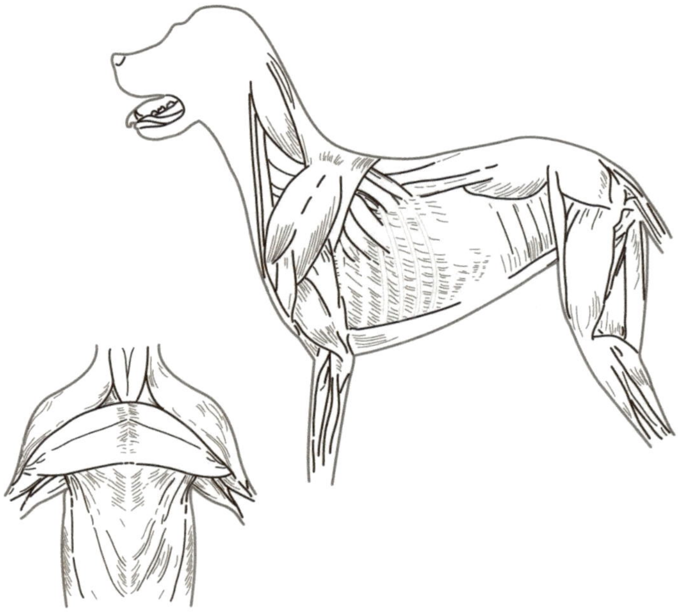
내용 요약	

4 신경계통

실습 목적

1. 신경조직에 대해 이해한다.
2. 말초신경과 자율신경계에 대해 이해한다.

실습 준비물

- 교과서
- 색연필
- 개와 고양이 모형

실습 방법

1. 해설을 읽음으로써 개의 몸 구조를 이해한다.
2. 여러 가지 기관을 그림으로 색칠한다.
3. 개와 고양이 모형을 보며 위치 및 명칭을 학습한다.

1) 신경계통

(1) 신경계통의 분류 및 기능

① 신경계는 중추신경계와 말초신경계로 구분하며, 중추신경계에는 뇌와 척수가 포함되고, 말초신경계는 해부학적 위치에 따라 뇌신경과 척수신경으로 구분됨

② 말초신경계는 수의적 조절이 가능한 정보를 다루는 체성신경계와 불수의적 정보를 다루는 자율신경계로 구분할 수 있음

③ 말초신경계는 운동 정보를 전달하는 운동신경과 감각 정보를 전달하는 감각신경으로 구분할 수 있음

④ 말초신경계 중 자율신경계는 다시 흥분, 공포에 대한 반응과 관련된 교감신경과 안정과 관련된 부교감신경으로 나뉨

중추신경계 (central nerve system: CNS)	뇌말초신경계 (peripheral nerve system: PNS)
• 뇌 • 척수	• 뇌신경 • 척수신경
말초신경계	**말초신경계**
• 체성신경계 • 자율신경계 –교감신경 –부교감신경	• 운동신경(날신경, 원심성신경) –체성운동신경 –자율운동신경 • 감각신경(들신경, 구심성신경) –체성감각 –내장감각 –특수감각

신경계통

실습 일자	월 일 ( )주차
실습 내용	뇌 명칭을 각각 쓰시오. 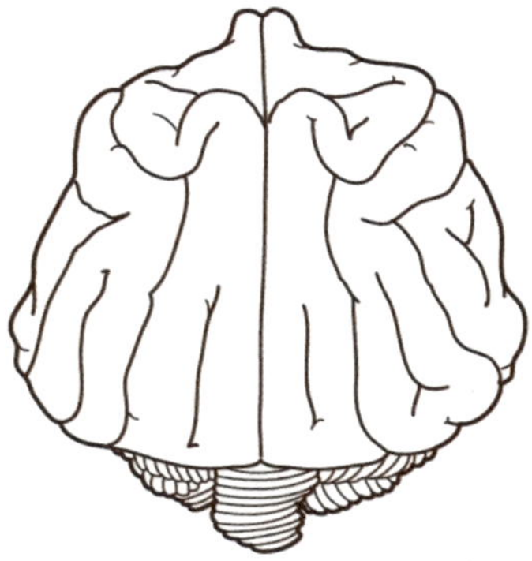 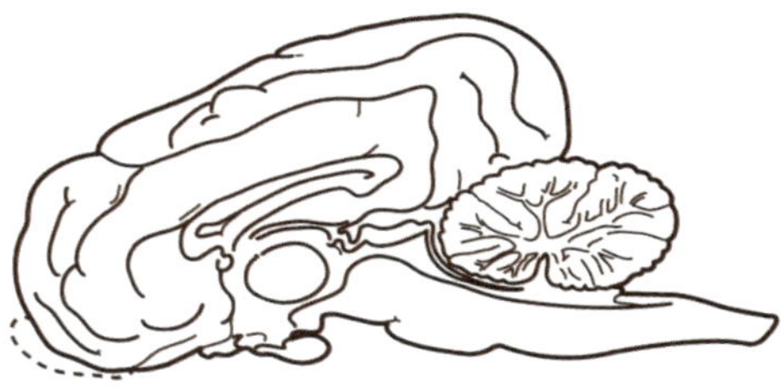
내용 요약	

신경계통

실습 일자	월 일 ( ) 주차
실습 내용	척수와 척수신경뿌리 명칭을 각각 쓰시오. 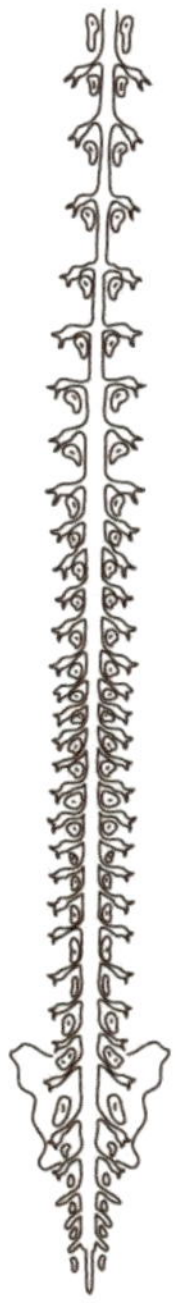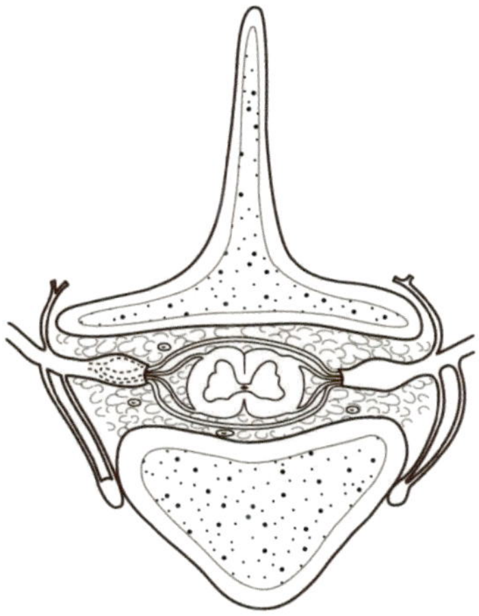
내용 요약	

5 호흡기계통

실습 목적

1. 호흡기구조와 기능에 대해 이해한다.

실습 준비물

- 교과서
- 색연필
- 개와 고양이 모형

실습 방법

1. 해설을 읽음으로써 개의 몸 구조를 이해한다.
2. 여러 가지 기관을 그림으로 색칠한다.
3. 개와 고양이 모형을 보며 위치 및 명칭을 학습한다.

1) 호흡기계통

(1) 호흡에 단계

① 바깥호흡(external respiration)은 혈액과 공기 사이의 기체교환
 – 이것은 허파 안에서 일어난다.

② 안호흡 또는 조직호흡(internal or tissue respiration)은 혈액과 조직 사이의 기체 교환
 – 이것은 조직에서 일어난다.

- 호흡기계통은 다음으로 구성된다.
  - 코 – 코안(비강, nasal cavity)과 코곁굴(부비동, paranasalsinuses)
  - 인두(pharynx)
  - 후두(larynx)
  - 기관(trachea)
  - 기관지(bronchi)와 세기관지(bronchioles)
  - 허파꽈리(폐포, alveoli)

호흡기계통

실습 일자	월 일 ( ) 주차
실습 내용	호흡기관 명칭을 각각 쓰시오. 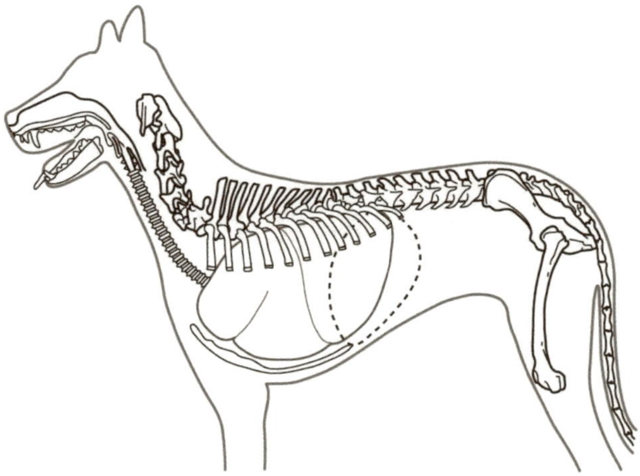
내용 요약	

6 소화기계통

실습 목적

1. 소화기관의 구조와 기능에 대해 이해한다.

실습 준비물

- 교과서
- 색연필
- 개와 고양이 모형

실습 방법

1. 해설을 읽음으로써 개의 몸 구조를 이해한다.
2. 여러 가지 기관을 그림으로 색칠한다.
3. 개와 고양이 모형을 보며 위치 및 명칭을 학습한다.

1) 소화기계통

(1) 소화기과정 단계

① 섭취 ② 소화 ③ 흡수 ④ 대사 ⑤ 배출

(2) 소화기 계통의 구성

- 입안(구강, oral cavity) 또는 입(mouth) – 입술(lips), 혀(tongue), 치아(teeth)
- 인두(pharynx)
- 식도(esophagus)
- 위(stomach)
- 작은창자(소장, small intestine) – 샘창자(십이지장, duodenum), 빈창자(공장, jejunum), 돌창자(회장, ileum)
- 큰창자(대장, large intestine) – 막창자(맹장, cecum), 잘록창자(결장, colon), 곧창자(직장, rectum), 항문(anus)

- 소화 과정에 참여하는 부속샘(accessory gland)들은 아래와 같다.
  - 침샘(타액선, salivary glands)
  - 이자(췌장, pancreas)
  - 쓸개(담낭, gall bladder)
  - 간(liver)

소화기계통

실습 일자	월 일 ( ) 주차
실습 내용	소화기계통 장기 명칭을 각각 쓰시오. 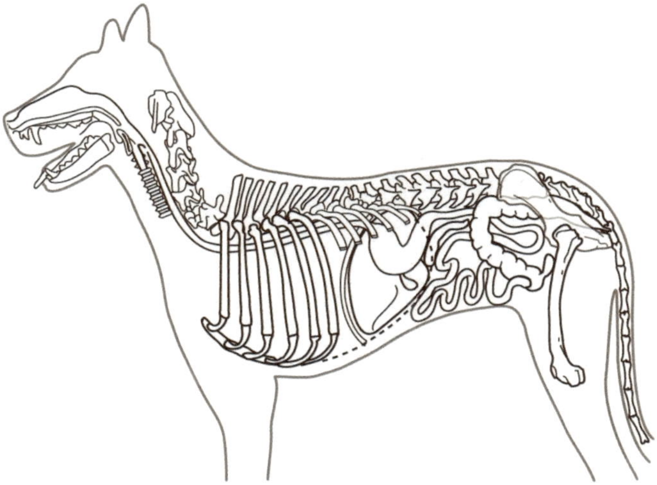
내용 요약	

2) 치아

(1) 치아의 일반적 구조

종류	위치와 모양	기능
앞니 (절치, Incisor)	• 위턱과 아래턱의 앞니뼈 • 뿌리가 하나, 다른 치아보다 작음	• 고기를 자를 때 • 털 관리
송곳니 (견치, Canine)	• 위턱과 아래턱 양쪽에 각각 하나 • 약간 구부러진 치아 뿌리 하나	• 먹이동물을 단단히 물고 있을 때
작은어금니 (전구치, Premolar)	• 치아의 씹는 면으로 맷돌과 같이 평평 • 2~3개의 뿌리기능	• 동물의 뼈에서 살을 발라내고 분쇄
어금니 (구치 Molar)	• 작은어금니와 유사. • 작은어금니보다 크며 뿌리가 3개 이상	• 먹이를 분쇄
육식치아 (절단치아, Caranassial teeth)	• 턱에서 가장 큰 치아 • 위턱 넷째 작은어금니와 아래턱 첫째 어금니	• 매우 강력한 치아 • 치근염 발생 시 문제

(2) 치열(dentition)

① 젖니(유치, deciduous dentition)

② 간니(영구치, permanent dentition)

개의 치식(*dog dental fomula*)
간니
– **I**3/3, **C**1/1, **PM**4/4, **M**2/3 × 2 = 42개 치아
젖니
– **I**3/3, **C**1/1, **PM**3/3 × 2 = 28개 치아
고양이의 치식(*cat dental fomula*)
간니
– **I**3/3, **C**1/1, **PM**3/2, **M**1/1 × 2 = 30개 치아
젖니
– **I**3/3, **C**1/1, **PM**3/2 × 2 = 26개 치아

치아

실습 일자	월 일 ( ) 주차	
실습 내용	치아 명칭을 각각 쓰시오.	
	치아의 특성	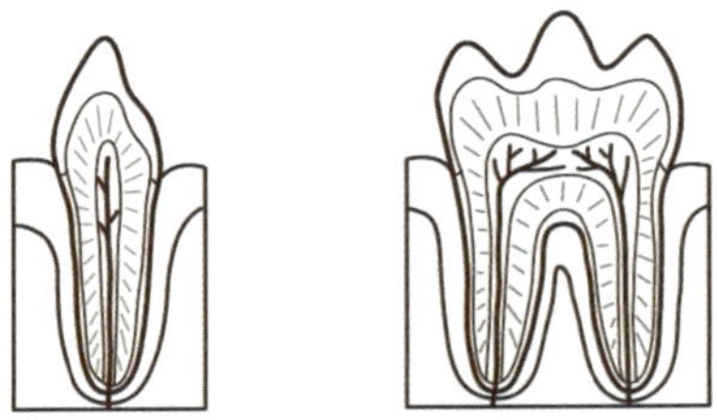
	성견 치아구조	
내용 요약		

7 비뇨기계통

실습 목적

1. 콩팥의 구조와 기능에 대해 이해한다.
2. 배뇨기관에 대해 이해한다.

실습 준비물

- 교과서
- 색연필
- 개와 고양이 모형

실습 방법

1. 해설을 읽음으로써 개의 몸 구조를 이해한다.
2. 여러 가지 기관을 그림으로 색칠한다.
3. 개와 고양이 모형을 보며 위치 및 명칭을 학습한다.

1) 비뇨기계통

(1) 비뇨생식기계통(urogenital system)

부위	기능
한 쌍의 콩팥(kidneys)	삼투압조절(osmoregulation)
한 쌍의 요관(ureters)	배설(excertion)
방광(bladder)	적혈구형성(erythropoietin)
요도(urethra)	

비뇨기계통

실습 일자	월 일 ( ) 주차
실습 내용	비뇨기계통 장기 명칭을 각각 쓰시오. 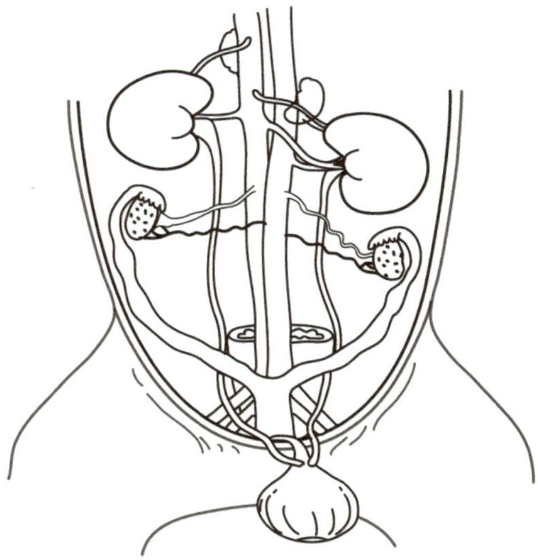
내용 요약	

8 생식기계통

실습 목적

1. 수컷 생식기계통에 대해 이해한다.
2. 암컷 생식기계통에 대해 이해한다.

실습 준비물

- 교과서
- 색연필
- 개와 고양이 모형

실습 방법

1. 해설을 읽음으로써 개의 몸 구조를 이해한다.
2. 여러 가지 기관을 그림으로 색칠한다.
3. 개와 고양이 모형을 보며 위치 및 명칭을 학습한다.

1) 생식기계통

(1) 비뇨생식기계통(urogenital system)

	수컷(male)	암컷(female)
생식샘 (genital gland)	고환(testis)	난소(ovary)
생식도관 (genital tract)	• 부고환(정소상체, epididymis) • 정관(deferent duct) • 수컷의 요도(male urethra)	• 난관(oviduct) • 자궁(uterus) • 질(vagina) • 질안뜰(질전정, vestibule of vagina)
부속생식샘 (accessory genital gland)	• 정낭샘(vesicular gland) • 전립샘(prostate gland) • 망울요도샘(bulbourethral gland)	• 자궁샘(uterine gland) • 큰질어귀샘(major vestibular gland) • 작은질어귀샘(minor vestibular gland)
바깥생식기관 (external genital organ)	• 음경(penis)	• 질(vagina) • 질안뜰(vestibule of vagina)

생식기계통 1

실습 일자	월 일 ( ) 주차
실습 내용	수컷생식기 명칭을 각각 쓰시오. 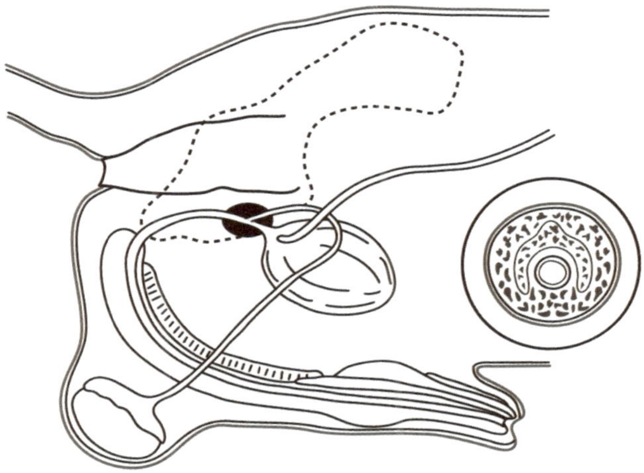
내용 요약	

생식기계통 2

실습 일자	월 일 ( )주차
실습 내용	암컷생식기 명칭을 각각 쓰시오. 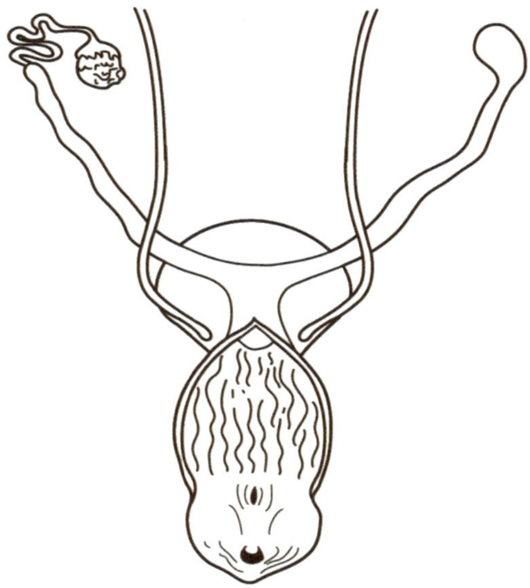
내용 요약	

9. 내분비계통

실습 목적

1. 내분비샘과 호르몬에 대해 이해한다.

실습 준비물

- 교과서
- 색연필
- 개와 고양이 모형

실습 방법

1. 해설을 읽음으로써 개의 몸 구조를 이해한다.
2. 여러 가지 기관을 그림으로 색칠한다.
3. 개와 고양이 모형을 보며 위치 및 명칭을 학습한다.

1) 내분비계통

(1) 내분비계통

분비	외분비	• 분비물의 고유한 도관을 통하여 분비 • 효과기관과 가까운 곳에 위치(소화액, 땀샘, 눈물샘 등)분비
	내분비	• 분비물을 직접 세포외액으로 화학적 전달자를 분비, 이를 호르몬이라 함 • 혈액을 통하여 표적기관으로 이동 • 특정 조직에 작용하는 화학적 물질로써 반응이 느리고 오랫동안 지속 • 되먹임 고리: 반응이 이루어지면 과다분비를 억제하거나 분비를 감소 • 내분비샘: 호르몬을 만드는 샘

(2) 생성장소에 따른 호르몬의 분류

샘성호르몬	• 시상하부, 갑상샘, 부갑상샘, 이자, 난소, 고환, 부신
비샘성호르몬	• 가스트린(위벽세포), 세크레틴(작은창자의 벽), 융모막 생식샘자극 호르몬(임신 중 태아 주변의 융모막의 외배엽), 적혈구 형성인자(콩팥)

(3) 작용기전에 따른 호르몬의 분류

세포질 내 수용체	• 스테로이드계 호르몬, 갑상샘호르몬
세포막 수용체	• 단백질 또는 아민

내분비계통

<table>
<tr><td>실습 일자</td><td>월 일 ( ) 주차</td></tr>
<tr><td>실습 내용</td><td>내분비샘의 위치 명칭을 각각 쓰시오.
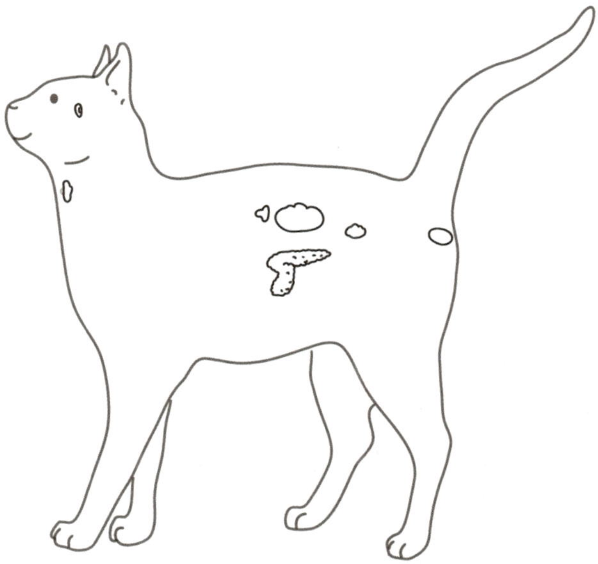</td></tr>
<tr><td>내용 요약</td><td></td></tr>
</table>

Chapter 02

동물보건내과학 및 실습

학습 목표

- 동물환자의 내과질환을 전반적으로 이해할 수 있다.
- 동물환자의 진료를 보조하고 동물환자의 간호에 대해 이해할 수 있다.

학습 내용

1. 동물환자의 질병 이해와 신체검사
2. 약물 투약 및 보정
3. 전염성 질병과 예방접종
4. 입원환자 평가와 관리하기
5. 수액요법의 이해
6. 영양요법의 이해

1 동물환자의 질병 이해와 신체검사

실습 목적

1. 반려동물의 대표적인 질병을 이해할 수 있다.
2. 질병의 주요 임상증상을 이해할 수 있다.
3. 신체검사의 종류와 방법에 대해 이해할 수 있다.

실습 준비물

동물 모형	청진기
	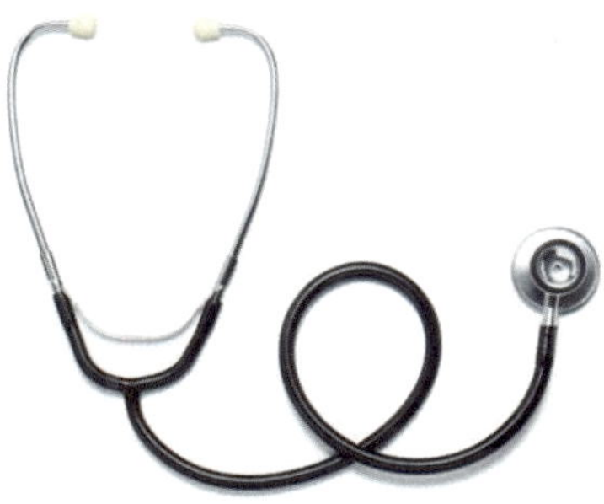

체온계	골격 모형
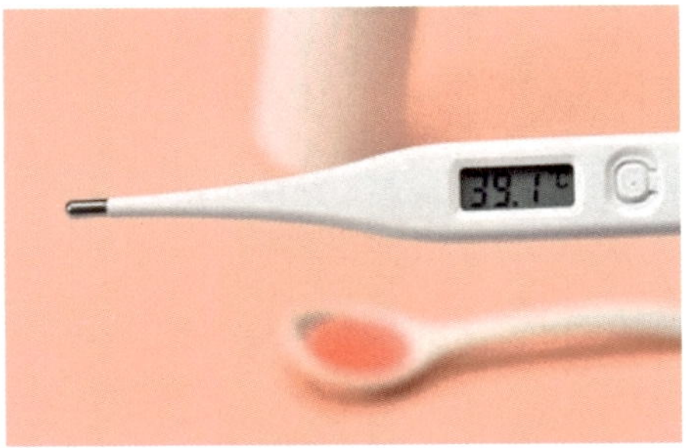	
장기 모형	**도플러 혈압계**
	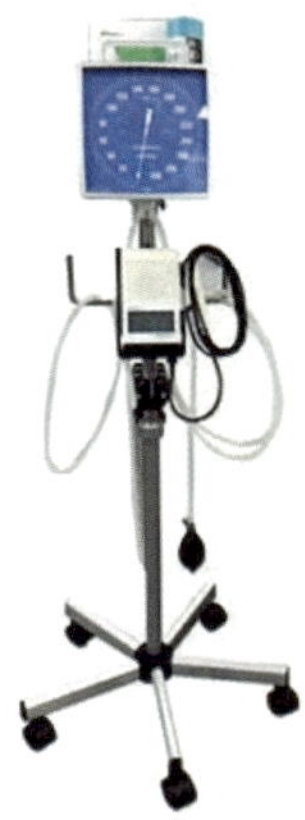

출처: 장기 모형(https://m.smmedic.co.kr/goods/view?no=233136)
도플러 혈압계(https://www.dailyvet.co.kr/news/practice/companion-animal/103938)

실습 방법

1. 개와 고양이의 계통별 대표적인 질병들에 대하여 학습한다.
   1) 내분비
   2) 근골격계
   3) 호흡기
   4) 위장관
   5) 간
   6) 비뇨기
   7) 생식기
   8) 피부
   9) 특수감각

2. 질병들의 주요 임상증상에 대하여 학습한다.

3. 신체검사의 종류와 방법에 대하여 학습한다.
   1) 문진
   2) 시진
   3) 청진
   4) 촉진
   5) 타진

4. 신체검사의 방법을 숙지하고 신체검사를 실시한다.

실습 일자	월 일 ( ) 주차
실습 내용	
내용 요약	

2 약물 투약 및 보정

실습 목적

1. 투약하는 약물의 다양한 형태를 이해할 수 있다.
2. 약물 투여 경로에 따른 동물환자의 보정을 이해할 수 있다.
3. 약물의 경구 투여 방법을 이해할 수 있다.

실습 준비물

동물 모형	멸균 주사기

알약 투약기	정맥 카테터
	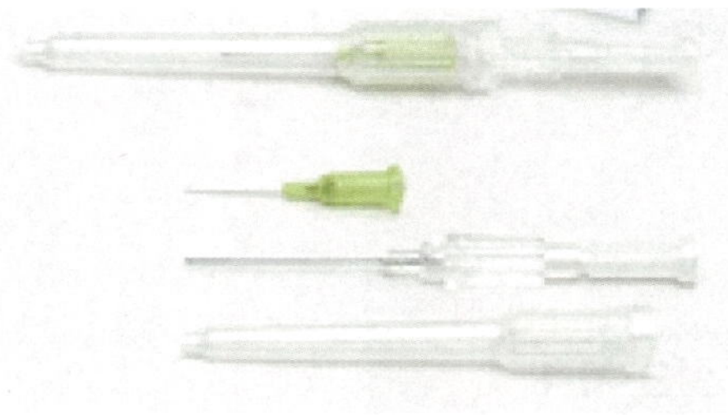

출처: 알약 투약기(https://www.meoda.kr/shop/item.php?it_id =1685422972)
정맥 카테터(https://www.allforlab.com/pdt/DH24CAT00000274?keywords=)

실습 방법

1. 알약 투약기 사용 방법과 다양한 경구 약물 투약 방법에 대하여 학습한다.

2. 각 주사 방법에 따라 동물환자를 안전하게 보정하는 방법을 학습한다.

3. 약물 투약 및 보정할 때의 주의사항에 대해 학습한다.

실습 일자	월 일 ( ) 주차
실습 내용	
내용 요약	

3. 전염성 질병과 예방접종

실습 목적

1. 개와 고양이의 주요 전염성 질병에 대해 이해할 수 있다.
2. 예방접종의 종류, 프로그램, 접종 방법에 대해 이해할 수 있다.
3. 예방접종 과민반응 및 항체가 검사의 필요성에 대해 이해할 수 있다.

실습 준비물

동물 모형	멸균 주사기

백신	항체가 검사
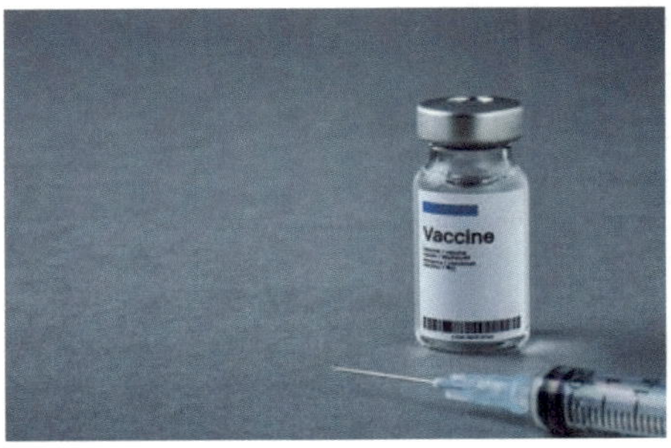	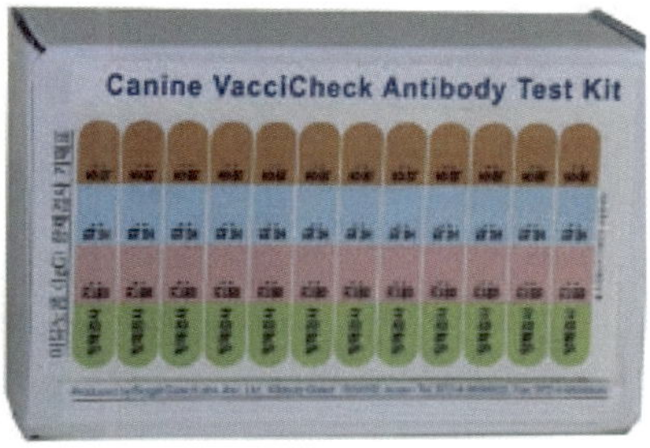

출처: 항체가 검사(https://www.vetcom.co.kr)

실습 방법

1. 개와 고양이의 백신 종류와 접종 프로그램을 학습한다.

1) 개 예방접종 프로그램

반려견 기초 예방접종 스케줄

1차	종합백신(DHPPL) 코로나 장염
2차	종합백신(DHPPL) 코로나 장염
3차	종합백신(DHPPL) 코로나 장염
4차	종합백신(DHPPL) 전염성 기관지염
5차	종합백신(DHPPL) 전염성 기관지염
6차	전염성 기관지염 개 신종인플루엔자
7차	개 신종인플루엔자 광견병

2) 고양이 예방접종 프로그램

비고	예방주사 종류	기초 접종		추가 접종
		생후 16주 미만	생후 16주 이상	
필수 백신	고양이 종합백신	모체이행항체 수준에 따라 생후 8~12주 사이에 1차 접종 후 3주 간격으로 총 3회 접종	3~4주 간격으로 총 2회 접종	1년마다 추가 접종
	광견병 백신	생후 12주 이후 접종		1년마다 추가 접종 (관련 법에 따라 매년 접종해야 함)
비필수 백신	고양이 백혈병 백신	생후 8주에 1차 접종 후 3~4주 간격으로 총 2회 접종		1년 후 추가 접종 (제조사의 권고 사항을 따름)
일반적으로 권장하지 않는 백신	고양이 복막염 백신	생후 8주에 1차 접종 후 3~4주 간격으로 총 2회 접종		1년 후 추가 접종 (제조사의 권고 사항을 따름)

출처: https://www.dailyvet.co.kr/news/practice/companion-animal/148762

2. 투여할 백신의 준비 방법을 학습하고, 백신 종류별로 투여 방법을 동물 모형을 이용하여 연습한다.

3. 예방접종 과민반응 시 보호자 응대방법을 학습한다.

4. 항체가 검사의 종류와 키트별 검사 방법을 학습한다.

실습 일자	월 일 ( ) 주차
실습 내용	
내용 요약	

4 입원 환자 평가와 관리하기

실습 목적

1. 입원한 동물환자의 건강 상태를 관찰하고 평가할 수 있다.
2. 동물환자의 활력징후(vital sign)를 평가하고 환자 기록지에 작성할 수 있다.
3. 입원한 동물환자의 상태에 맞는 환자 관리를 할 수 있다.

실습 준비물

동물 모형	입원 케이지

출처: 입원 케이지(https://www.arivetcare.com/clinical-examination/stainless-steel-cage/)

실습 방법

1. 입원 환자의 상태를 맞는 케이지 관리 방법을 학습한다.

2. 입원환자 기록지의 작성 방법을 학습한다.

'집중산소' '산소공급'	경련/발작	과호흡	기침	고체온증	저체온증	구토/설사	식욕부진	수술	DATE							
수의사 지시				Am 9	Am 11	Pm 1	Pm 3	Pm 5	Pm 7	Pm 9	Pm 11	Am 1	Am 3	Am 5	Am 7	REMARKS
항목	정상	check														
RT 실내온도	24~27	C냉방 W보온	도													
Temp 체온	38~39	L저체온 H고체온														
Respi 호흡수	15~34	P과호흡 A노력호흡														
Pulse 심박수	70~120	A부정맥 D심박감소														
수 액 ml/Hr		N넥칼라 E부종확인	ml													
식 사	O먹음 N안 먹음 F강급 V구토	처방식/횟수/량														BW
배 변	0정상 1연변 2설사 4점액변 5혈변															kg
배 뇨	0정상 1비정상 2혈뇨 P배뇨장애															sign by
신경증상	S발작 T근육떨림 A불안															

'집중산소' '산소공급'	경련/발작	과호흡	기침	고체온증	저체온증	구토/설사	식욕부진	수술	DATE							
수의사 지시				Am 9	Am 11	Pm 1	Pm 3	Pm 5	Pm 7	Pm 9	Pm 11	Am 1	Am 3	Am 5	Am 7	REMARKS
항목	정상	check														
RT 실내온도	24~27	C냉방 W보온	도													
Temp 체온	38~39	L저체온 H고체온														
Respi 호흡수	15~34	P과호흡 A노력호흡														
Pulse 심박수	70~120	A부정맥 D심박감소														
수 액 ml/Hr		N넥칼라 E부종확인	ml													
식 사	O먹음 N안 먹음 F강급 V구토	처방식/횟수/량														BW
배 변	0정상 1연변 2설사 4점액변 5혈변															kg
배 뇨	0정상 1비정상 2혈뇨 P배뇨장애															sign by
신경증상	S발작 T근육떨림 A불안															

'집중산소' '산소공급'	경련/발작	과호흡	기침	고체온증	저체온증	구토/설사	식욕부진	수술	DATE							
수의사 지시				Am 9	Am 11	Pm 1	Pm 3	Pm 5	Pm 7	Pm 9	Pm 11	Am 1	Am 3	Am 5	Am 7	REMARKS
항목	정상	check														
RT 실내온도	24~27	C냉방 W보온	도													
Temp 체온	38~39	L저체온 H고체온														
Respi 호흡수	15~34	P과호흡 A노력호흡														
Pulse 심박수	70~120	A부정맥 D심박감소														
수 액 ml/Hr		N넥칼라 E부종확인	ml													
식 사	O먹음 N안 먹음 F강급 V구토	처방식/횟수/량														BW
배 변	0정상 1연변 2설사 4점액변 5혈변															kg
배 뇨	0정상 1비정상 2혈뇨 P배뇨장애															sign by
신경증상	S발작 T근육떨림 A불안															

실습 일자	월 일 ( ) 주차
실습 내용	
내용 요약	

5 수액요법의 이해

실습 목적

1. 동물환자에서 정맥카테터 장착의 중요성을 이해할 수 있다.
2. 동물환자의 정맥카테터 장착 방법을 이해할 수 있다.
3. 정맥을 통한 수액요법의 관리 방법을 이해할 수 있다.

실습 준비물

동물 모형	멸균 생리식염수
	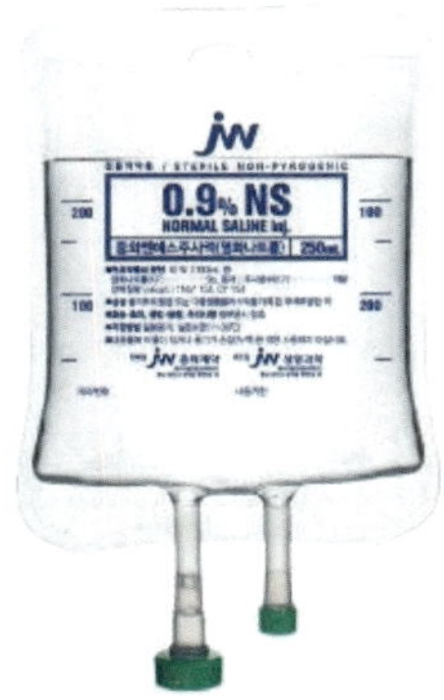

수액세트	정맥 카테터
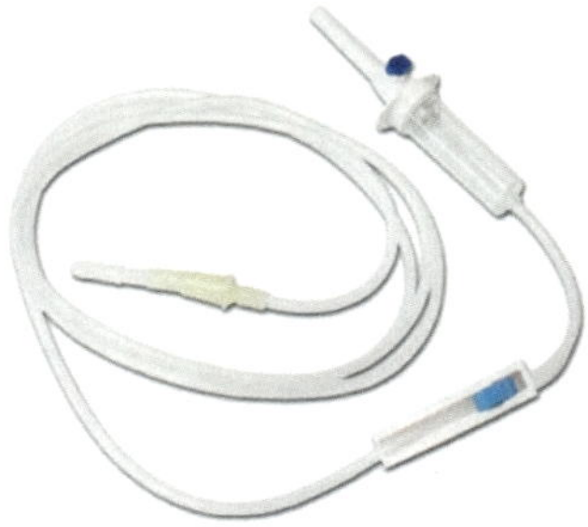	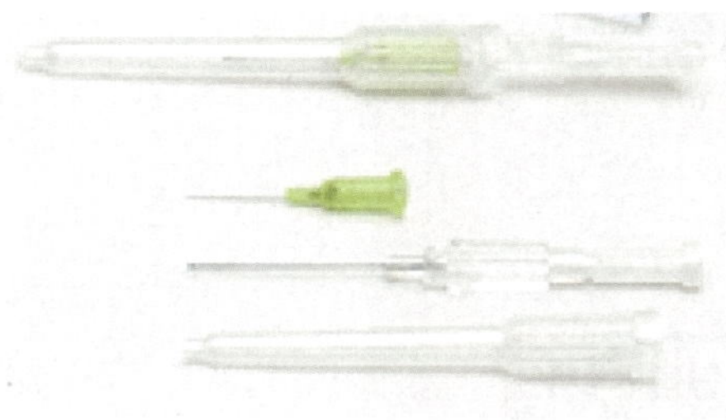
헤파린 캡	**의료용 테이프**

출처: 멸균 생리식염수(https://www.rxshop.co.kr/mall/)
수액세트(https://bizpharm.co.kr/product/)
정맥 카테터(https://www.allforlab.com/pdt/)
헤파린 캡(https://yag25.com/goods/goods_view.php?goodsNo=1000004021)

실습 방법

1. 동물환자가 정맥카테터를 장착하는 과정을 보정한다.

2. 수액세트의 준비와 수액 유지시 동물환자의 관리 방법에 대해 학습한다.

3. 정맥카테터와 수액세트 제거 방법에 대해 학습한다.

실습 일자	월 일 ( ) 주차
실습 내용	
내용 요약	

6 영양요법의 이해

실습 목적

1. 동물환자의 식욕과 영양상태를 평가할 수 있다.
2. 동물환자에게 알맞은 급여량과 급여 방법을 이해할 수 있다.
3. 동물환자의 질병 상태에 맞는 다양한 처방식을 이해할 수 있다.

실습 준비물

동물 모형	멸균 주사기

피딩 튜브	처방식(샘플)	
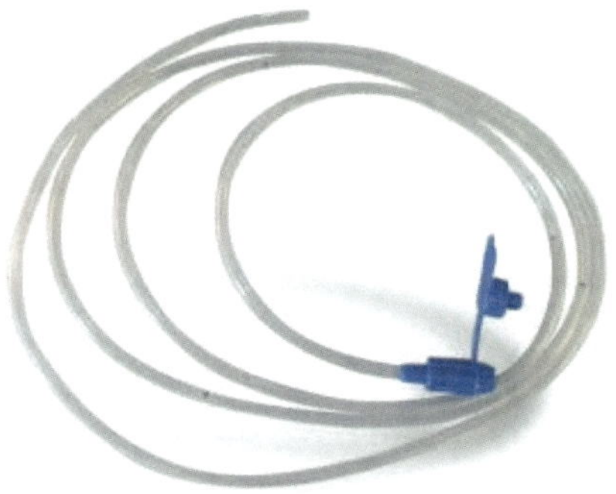	 	

출처: 피딩 튜브(https://www.shopmedvet.com/product/small-animal-nasogastric-feeding-tube/iv- administration)

실습 방법

1. 동물환자의 BCS, MCS를 평가하고 에너지요구량 및 급여량을 계산한다.

Too Thin		
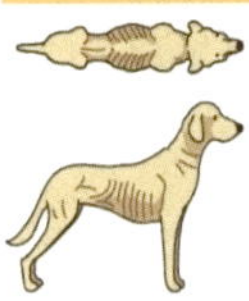 **1단계** • 갈비뼈, 골반뼈 그리고 모든 뼈 융기가 드러남 • 체지방이 보이지 않으며 명백한 근육 손실이 보임	 **2단계** • 갈비뼈, 허리뼈, 골반뼈가 쉽게 보이며 지방이 만 져지지 않음 • 몇몇 뼈 융기가 보이고 근육량의 적은 감소가 보임	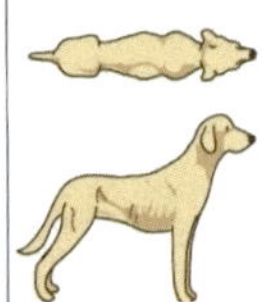 **3단계** • 갈비뼈가 쉽게 만져지며 지방이 적음 • 허리뼈의 끝이 보이며 골반뼈 융기가 나타나고 허리와 복부가 홀쭉해짐
IDEAL		Above Ideal
 **4단계** • 적당한 지방이 없이 갈비뼈가 만져짐 • 허리가 쉽게 구분되며 옆에서 봤을 때 배가 들어가 있음	 **5단계** • 과도한 지방 없이 갈비뼈가 만져짐 • 위에서 봤을 때 갈비뼈 뒤에서 허리가 보이며 옆에서 봤을 때 배가 들어가 있음	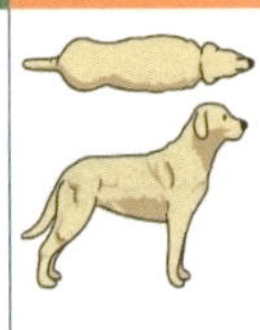 **6단계** • 가볍게 지방이 덮인 갈비뼈가 만져지며 허리가 구분되지 않으나 튀어나오지는 않았음 • 복부가 들어가 있어 구분됨
Over Weight		Obese
 **7단계** • 지방에 덮여있어 갈비뼈를 만지기 힘듦 • 허리뼈와 몸쪽 꼬리 부분에 지방의 축적이 보임 • 허리를 구분하기 힘들지만 배는 아직 들어가 있음	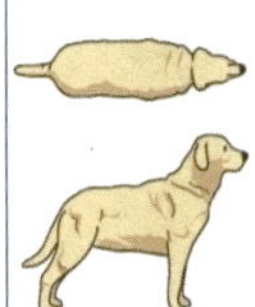 **8단계** • 많은 지방이 덮고 갈비뼈가 만져지지 않으며 허리뼈와 몸쪽 꼬리 부분에 많은 지방이 축적되어 살이 접힘 • 허리와 배가 구분이 안 되며 복부의 팽창이 보임	 **9단계** • 매우 많은 양의 지방이 몸 전체 부위에 축적되어 살이 접힘 • 허리, 배 구분 안 되며 복부 팽창이 있음

Too Thin		
 1단계 •갈비뼈, 골반뼈 그리고 모든 뼈 융기가 드러남 •체지방이 보이지 않으며 명백한 근육 손실이 보임	 2단계 •갈비뼈, 허리뼈, 골반뼈가 쉽게 보이며 지방이 만 져지지 않음 •몇몇 뼈 융기가 보이고 근육량의 적은 감소가 보임	 3단계 •갈비뼈가 쉽게 만져지며 지방이 적음 •허리뼈의 끝이 보이며 골반뼈 융기가 나타나고 허리와 복부가 홀쭉해짐
IDEAL		Above Ideal
 **4단계** •적당한 지방이 없이 갈비뼈가 만져짐 •허리가 쉽게 구분되며 옆에서 봤을 때 배가 들어가 있음	 **5단계** •과도한 지방 없이 갈비뼈가 만져짐 •위에서 봤을 때 갈비뼈 뒤에서 허리가 보이며 옆에서 봤을 때 배가 들어가 있음	 6단계 •가볍게 지방이 덮인 갈비뼈가 만져지며 허리가 구분되지 않으나 튀어나오지는 않았음 •복부가 들어가 있어 구분됨
Over Weight		Obese
 7단계 •지방에 덮여있어 갈비뼈를 만지기 힘듦 •허리뼈와 몸쪽 꼬리 부분에 지방의 축적이 보임 •허리를 구분하기 힘들지만 배는 아직 들어가 있음	 8단계 •많은 지방이 덮고 갈비뼈가 만져지지 않으며 허리뼈와 몸쪽 꼬리 부분에 많은 지방이 축적되어 살이 접힘 •허리와 배가 구분이 안 되며 복부의 팽창이 보임	 9단계 •매우 많은 양의 지방이 몸 전체 부위에 축적되어 살이 접힘 •허리, 배 구분 안 되며 복부 팽창이 있음

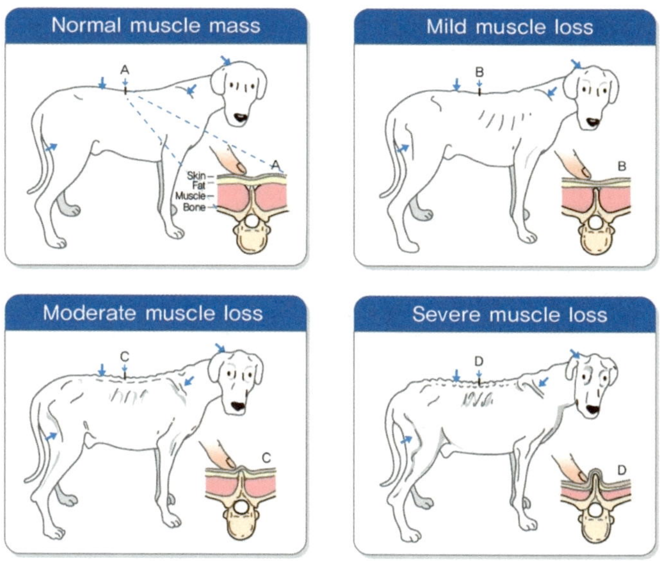

2. 동물환자에게 가장 적합한 급여 방법을 학습한다.

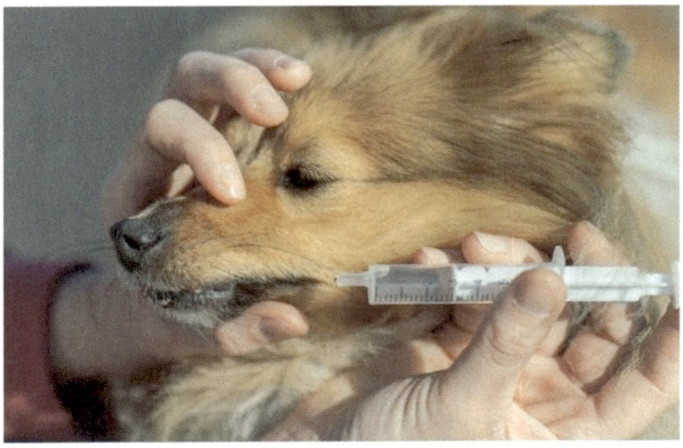

https://freegurumk.best/product_details/80621097.html

3. 피딩 튜브를 통해 급여가 가능한 사료의 종류를 학습한다.

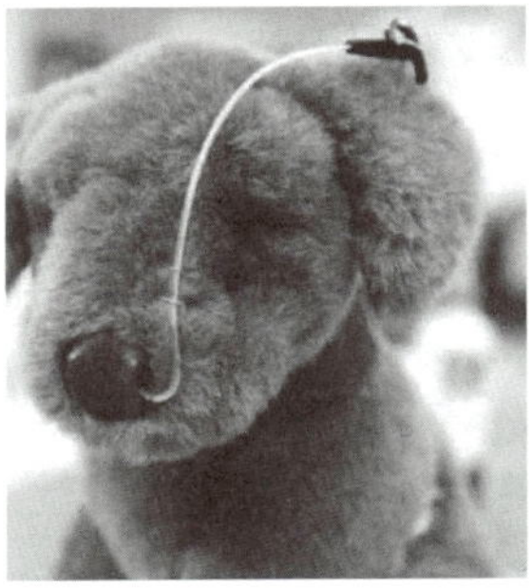

https://www.medvet.com/feeding-tubes-short-long-term-nutritional-needs-pets/

실습 일자	월 일 ( ) 주차
실습 내용	
내용 요약	

Chapter 03

동물보건외과학 및 실습

학습 목표

- 동물병원에서 외과적 기술을 실습을 통해 습득하여 수술과 같은 수의사의 의료행위를 정확하고 적절하게 보조함으로서 동물환자의 고통을 경감하고 질병이 치료되도록 전문적인 지식을 학습한다.
- 외과학은 동물환자의 생명과 직접적으로 관련 있는 분야로서 동물보건사의 가장 기초적인 자질로 판단될 수 있으므로 철저한 실습을 통한 전문지식을 익히도록 한다.

학습 내용

1. 의료기구 명칭 및 용도
2. 마취장비 준비
3. 환자준비
4. 무균 및 수술보조를 위한 위생
5. 수술보조 - 수술중 임무
6. 수술 후 환자 관리

1 의료기구 명칭 및 용도

실습 목적

1. 동물병원에서 수행하는 일반외과, 정형외과 등에 사용되는 수술기구 구분하고 사용방법을 습득한다.
2. 봉합사 바늘의 다양한 모양과 용법에 대하여 배울 수 있다.

실습 준비물

일반수술기구	정형외과수술기구
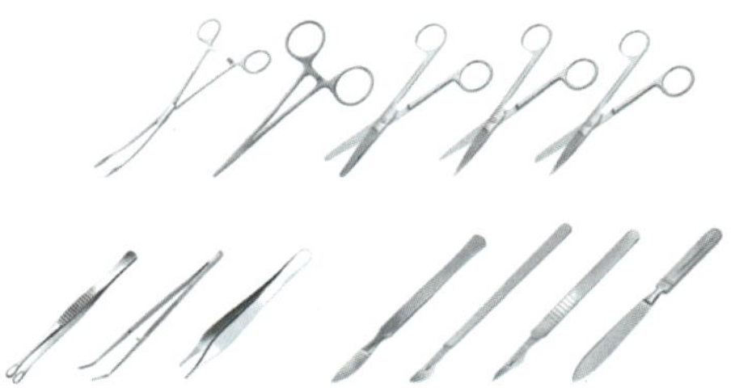	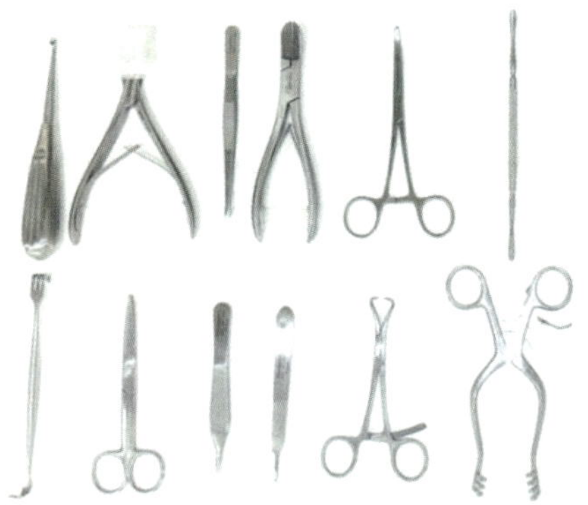

타월클램프	골수강핀세트
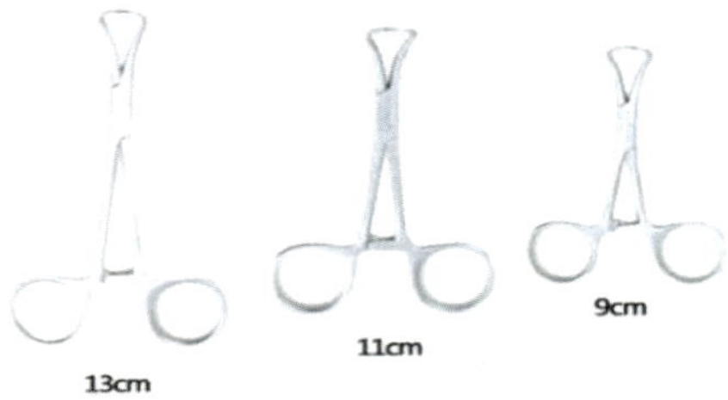	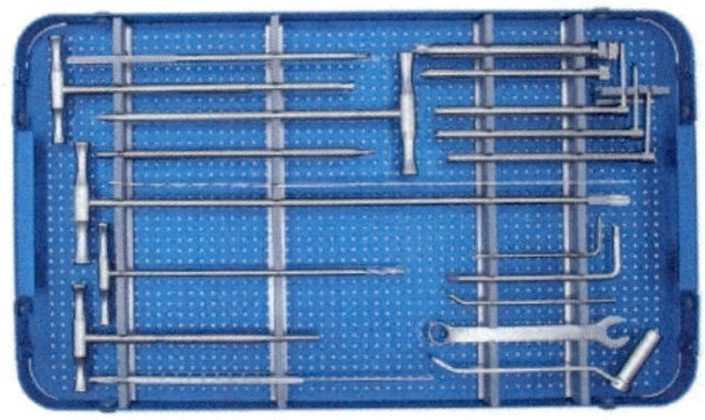
봉합침	봉합사
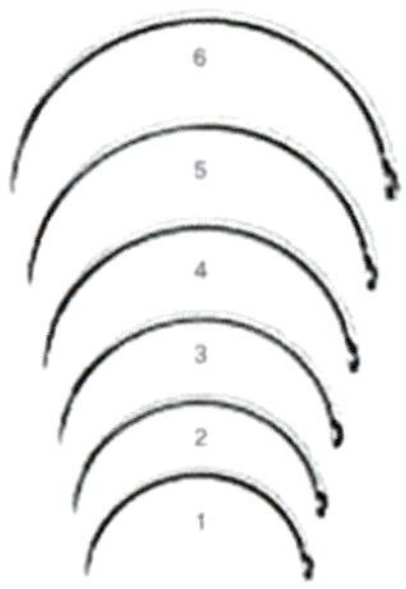	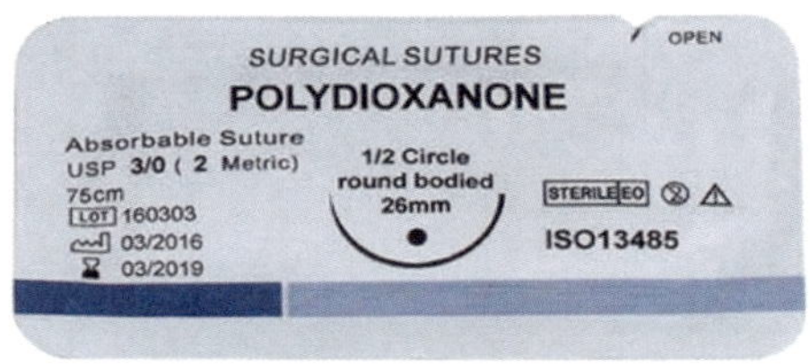

출처: 일반수술기구(https://www.istockphoto.com/kr/%EC%9D%BC%EB%9F%AC%EC%8A%A4%ED%8A%B8/%EC%88%98%EC%88%A0-%EC9E%A5%EB%B9%84)
정형외과수술기구(https://m.blog.naver.com/medicare8/223073084012)
타월클램프(https://drmro.com/goods/goods_view.php?goodsNo=10986)
골수강핀세트(https://www.czmeditech.com/ko/Expert-Tibial-Intramedullary-Nail-Instrument-Set-pd48662070.html/)
봉합침(https://drmro.com/goods/goods_view.php?goodsNo=3487)
봉합사(https://ko.goldenwellspanish.com/suture/sythetic-absorbable-suture/medical-surgcical-polydioxanone-suture.html)

실습 방법

1. 일반수술 기구로써 가위, 포셉, 니들홀더, 수술칼의 종류와 쓰임새 및 사용법에 대하여 숙지한다.

2. 일반수술 기구로써 티슈 포셉, 견인기, 타월 클램프의 모양과 사용법을 숙지한다.

3. 연부조직 수술기구로써 장클램프, 생검기기의 사용법을 숙지한다.

4. 정형외과 수술기구로써 뼈홀더, 골막분리기, 본커터의 모양과 사용법을 숙지한다.

5. 정형외과 내부고정물로 골수 핀과 와이어, 나사 등의 모양과 사용법을 숙지한다.

6. 수술용 봉합침의 종류와 모양을 숙지한다.

7. 수술용 봉합사의 종류와 특징에 대하여 숙지한다.

실습 일자	월 일 ( ) 주차
실습 내용	
내용 요약	

2. 마취장비 준비

실습 목적

1. 마취장비를 사용이 필요한 환자를 파악하고 수의사의 지시를 이해할 수 있도록 적응증을 숙지한다.
2. 마취장비의 구성요소의 명칭과 기능파악을 통한 사용법을 학습한다.
3. 마취기의 가스 누출검사 등 장비의 관리방법을 숙지한다.

실습 준비물

마취장비	산소통
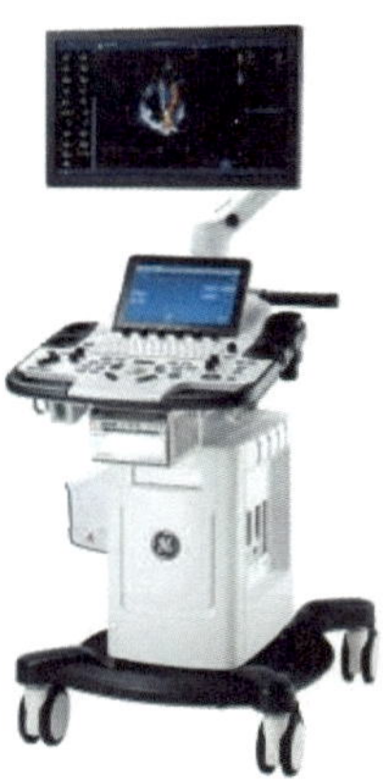	

출처: 마취장비(http://eseoa.co.kr/default/company/sub4.php?top=1&sub=4)
산소통(https://m.omnidr.kr/product/detail.html?product_no=4750&cate_no=871&display_group=1)

실습 방법

1. 마취장비는 흡입 마취가스를 환자에게 전달하기 위한 장비로서 다양한 제조사의 제품에 적응할 수 있도록 기본적인 작동원리를 파악한다.

2. 마취장비의 구성품으로써 산소탱크, 압력게이지, 감압밸브, 유량계의 작동 및 관리 방법을 숙지한다.

3. 마취가스의 기화기와 가스밸브의 작동원리 및 작동법을 학습한다.

4. 감압밸브를 조절하고 압력계를 조절하는 방법을 숙지한다.

5. 마취장비의 가스누출 테스트를 통하여 장비의 정상작동을 유지한다.

6. 마취장비 사용 후 유지 관리법을 학습한다.

실습 일자	월 일 ( ) 주차
실습 내용	
내용 요약	

3 환자준비

실습 목적

1. 수의사가 환자동물에게 수술을 시행하거나 처치를 하는 데 있어서 동물보건사가 준비하는 제반사항을 학습한다.
2. 철저하게 수술 부위를 소독하거나 완벽하게 동물을 수술대에 고정시키는 것의 중요성을 인지하고 그 기술을 습득하는 것을 목표로 한다.

실습 준비물

수액세트	수술대
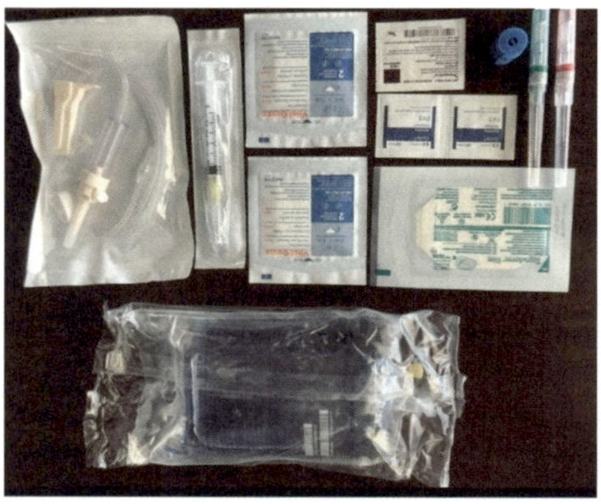	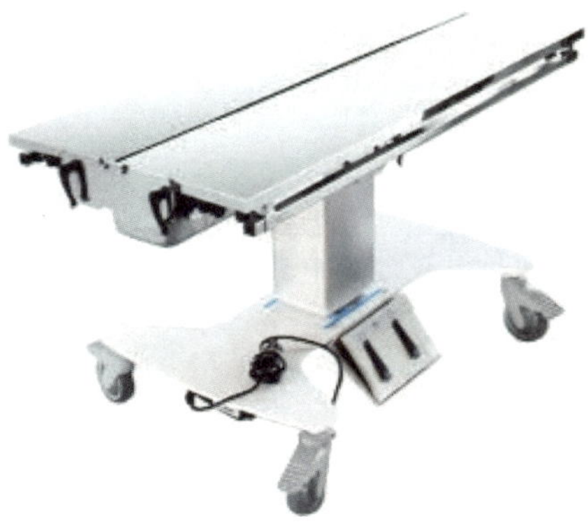

후두경	환자기록지
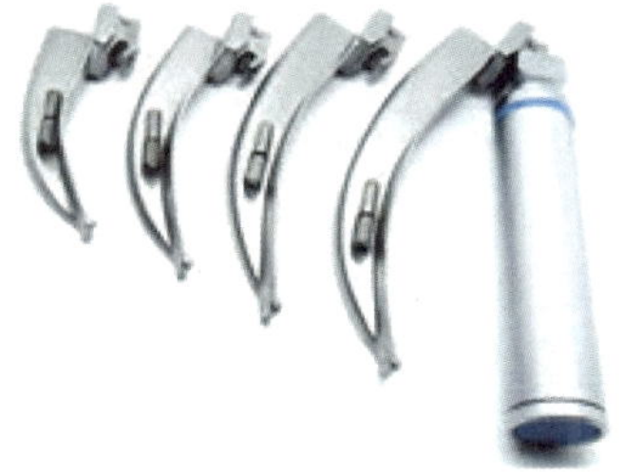	 진 료 기 록 부
클리퍼	기관삽관튜브
	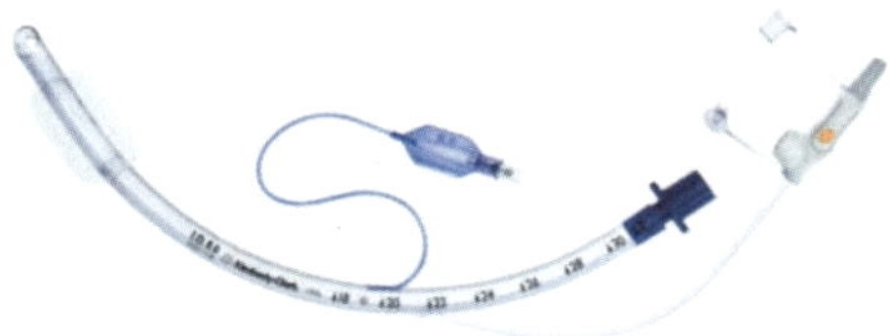

출처: 수액세트(https://www.sedationkit.com/product/iv-infusion-kit/)
수술대(https://blog.naver.com/janimal7582/221116841382)
후두경(https://eikonms.com/product/macintosh-laryngoscope-4-blades/)
환자기록지(https://printing119.com/shop/shopdetail.html?branduid=720131&special=3&GfDT=bm56W18%3D)
클리퍼(https://fallcent.com/product/?product_id=6673734851&item_id=15363847982)
기관삽관튜브(https://m.blog.naver.com/sojinna91/222484124921)

실습 방법

1. 수액처치를 위한 적절한 정맥용 카테터를 구별하고 준비한다.

2. 기관삽관에 필요한 도구들을 준비하고 작동여부 및 이상여부를 점검한다.

3. 환자의 수술 전에 환자기록지, 마취기록지 등을 준비하고 환자정보를 재확인한다.

4. 수술 부위의 제모를 위해 클리퍼를 준비하고 기능 및 작업요령을 숙지한다.

5. 수술 부위의 오염물질을 세척하고 표면소독법을 숙지한다.

6. 수술 종류 및 부위에 따라 동물을 수술대 위에 고정시키는 방법을 익히도록 한다.

실습 일자	월 일 ( ) 주차
실습 내용	
내용 요약	

4 무균 및 수술보조를 위한 위생

실습 목적

1. 무균과 멸균의 차이를 이해하고 수술실에서 오염이 발생하지 않도록 하는 기술을 학습한다
2. 수술실에서 수술보조를 위해 착용하는 복장 착용법과 손세척법을 숙지한다.
3. 수술실에서 오염이 발생하지 않도록 다양한 절차를 습득한다.

실습 준비물

수술용 세정제	수술모자
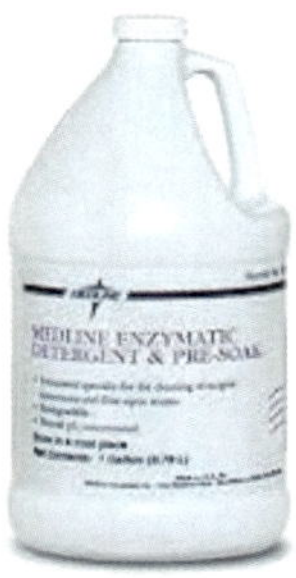	

수술가운	세척브러시
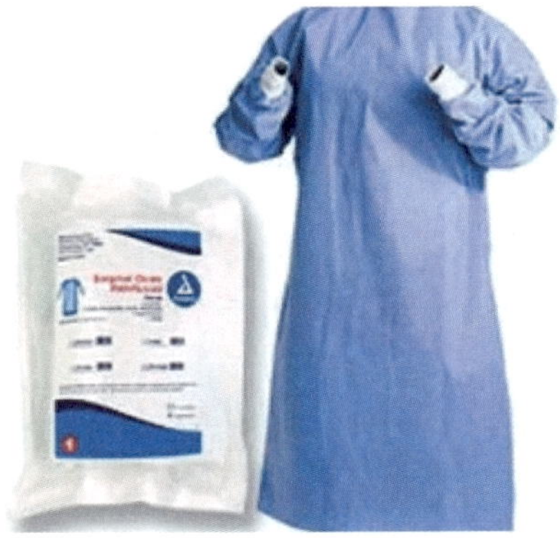	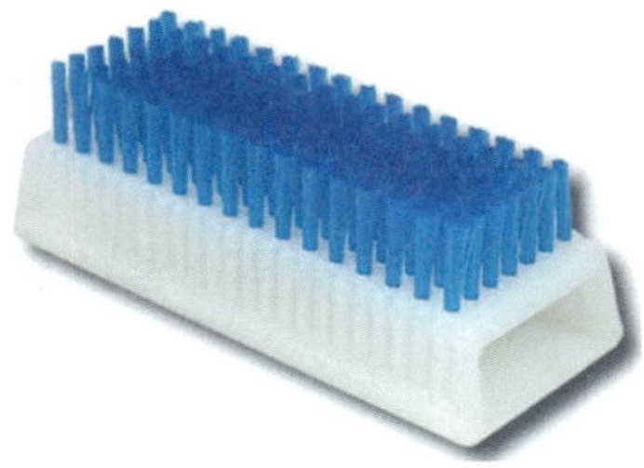

출처: 수술용 세정제(https://www.amazon.com/MDS88000B9-Dual-Enzymatic-Surgical-Instrument-Detergent/dp/B004GC8BIG?th=1)
수술모자(https://www.amazon.com/McKesson-Surgical-Cap-Disposable-R/dp/B0B49R1KMW)
수술가운(https://dealmed.com/products/surgical-gowns?page=1)
세척브러시(https://www.11st.co.kr/products/5514296583)

실습 방법

1. 무균환경에서 수술적 양심을 지키기 위한 정신자세를 배운다.

2. 멸균상태의 물품을 개봉하는 절차를 학습한다.

3. 무균환경에서 오염을 방지하기 위한 동선을 계획하고 수술실 직원과 비수술 직원의 행동요령을 숙지한다.

4. 수술실에서의 복장에 대한 취급요령을 숙지한다.

5. 수술모자, 마스크의 착용법을 숙지한다.

6. 수술을 위한 손세정을 위한 세정제, 브러시 등이 잘 비치되어있는지 확인하고 관리한다.

7. 사전세척과 항균세척 가이드라인을 준수한 손세정을 실습한다.

8. 수술복 및 수술가운의 착용법과 수의사가 착용하도록 보조하는 절차를 숙지한다.

9. 수술장갑을 착용하는 다양한 방법을 숙지하고 실습한다.

실습 일자	월 일 ( ) 주차
실습 내용	
내용 요약	

5 수술보조 - 수술중 임무

실습 목적

1. 수술실에서 멸균수술을 유지하기 위한 수술보조 방법을 숙지하도록 한다.
2. 다양한 수술도구를 잡고 수의사에게 전달하는 기술을 익히고 절차를 학습한다.
3. 수술환자의 수술포를 덮거나 봉합하는 절차를 숙지한다.

실습 준비물

일반수술기구	수술포
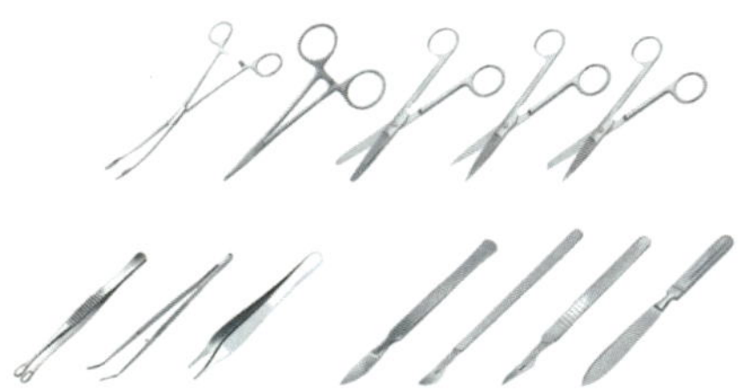	

봉합침	봉합사
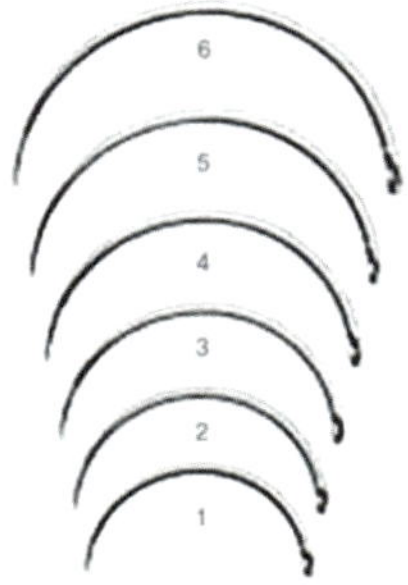	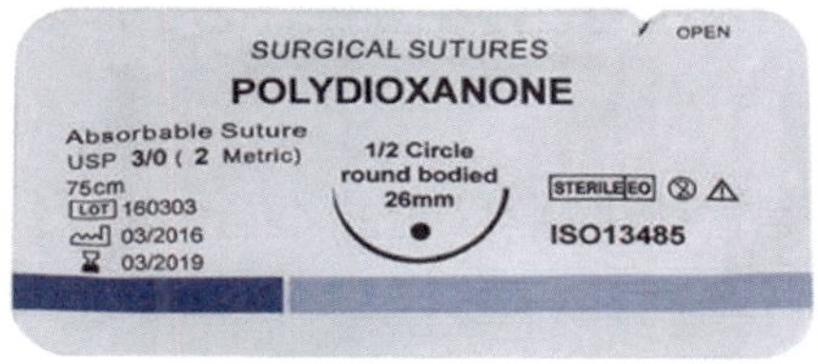

출처: 일반수술기구(https://www.istockphoto.com/kr/%EC%9D%BC%EB%9F%AC%EC%8A%A4%ED%8A%B8/%EC%88%98%EC%88%A0-%EC%9E%A5%EB%B9%84)
수술포(http://medicalland.co.kr/%EC%88%98%EC%88%A0%ED%8F%AC/)
봉합침(https://drmro.com/goods/goods_view.php?goodsNo=3487)
봉합사(https://ko.goldenwellspanish.com/suture/sythetic-absorbable-suture/medical-surgcical-polydioxanone-suture.html)

실습 방법

1. 수술칼을 핸들에 장착하고 전달하는 방법을 학습한다.

2. 포셉과 가위 등 링핸들 수술기구를 전달하는 방법을 숙지한다.

3. 링핸들이 없는 수술기구를 전달하는 방법을 숙지한다.

4. 수술 부위의 지혈을 유지하기 위한 방법을 숙지한다.

5. 수술에 사용되는 기구와 스펀지를 계수하는 법을 익힌다.

6. 수술 부위에 수술포를 덮는 원리를 이해하고 고정하는 법을 배운다.

7. 수술시 약물을 투여할 때 수의사를 보조하는 절차를 이해한다.

8. 다양한 봉합법에 대한 적용범위와 봉합사를 이용한 봉합법을 실습한다.

9. 봉합사의 제거기술을 실습한다.

실습 일자	월 일 ( ) 주차
실습 내용	
내용 요약	

6. 수술 후 환자 관리

실습 목적

1. 수술 후 마취회복 기간 동안 환자를 모니터링하는 기술을 습득할 수 있다.
2. 안전하게 기관삽관 튜브를 제거하고 수술 후 합병증을 예방하는 절차를 학습한다.
3. 수술 후 통증 관리를 위해 수의사의 지시에 따라 약물을 제공하는 등 환자를 관리하는 기술을 습득한다.

실습 준비물

넥칼라	기관삽관튜브
	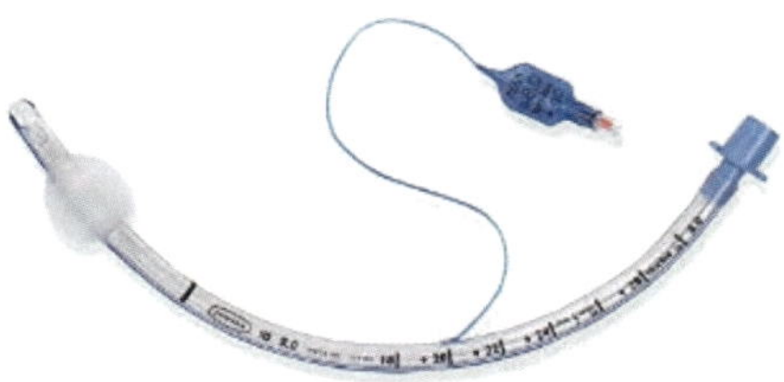

온열패드
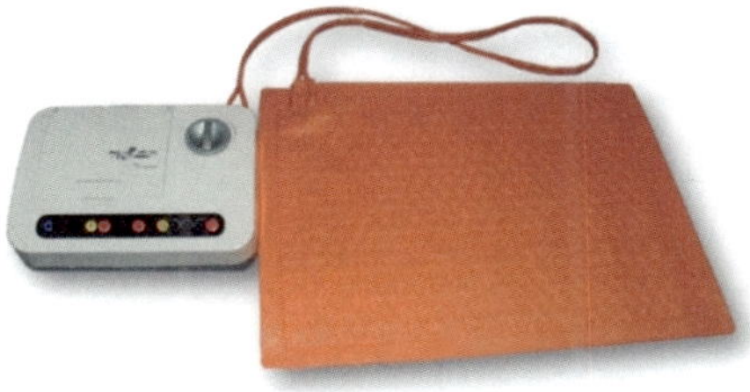

출처: 넥칼라(https://www.skstoa.com/display/goods/39306944)
기관삽관튜브(https://www.amazon.in/Endotracheal-Tube-Cuffed-Size-4-0/dp/B09QG526Z5)
온열패드(https://m.blog.naver.com/inganimal75/221807351760)

실습 방법

1. 수술 후 환자가 마취에서 회복하는 것을 관찰하고 안전하게 기관삽관튜브를 제거하는 기술을 습득한다.

2. 수술 후 환자는 저체온증, 저혈압 상태에 빠질 수 있으므로 이를 관찰하고 기록한다.

3. 저체온증을 보일 시 보온패드 등으로 체온을 유지하는법을 숙지한다.

4. 수술 부위에 출혈 등 배출물이 관찰될 경우 수의사에게 보고하고 지시를 따른다.

5. 수술 부위를 동물이 손상시키지 않도록 넥 칼라 장착법, 붕대법 등을 숙지한다.

6. 수술 후 상처 드레싱을 수행한다.

7. 수술 후 통증관리는 위해 환자가 고통을 호소하는 상태를 관찰하고 수의사에게 보고한다.

8. 필요 시 진통제 투여를 보조한다.

실습 일자	월 일 ( ) 주차
실습 내용	
내용 요약	

Chapter 04

동물보건임상병리학 및 실습

학습 목표

- 동물보건 임상병리학의 기본적인 개념을 이해할 수 있다.
- 동물환자의 임상병리 업무를 전반적으로 이해할 수 있다.
- 임상병리 진단 검사에 필요한 장비 사용법을 숙지할 수 있다.

학습 내용

1. 혈액화학분석기 검사
2. 혈액검사 Ⅰ
3. 혈액검사 Ⅱ
4. 요 검사
5. 분변 검사
6. 키트 검사

1 혈액화학분석기 검사

실습 목적

1. 혈액 검체를 구분하고, 검체 용기별 사용 목적에 대해 이해할 수 있다.
2. 자동혈구분석 기기의 검사과정을 이해할 수 있다.
3. 혈액화학분석 기기의 검사과정을 이해할 수 있다.

실습 준비물

혈액 검체 용기	자동혈구분석기
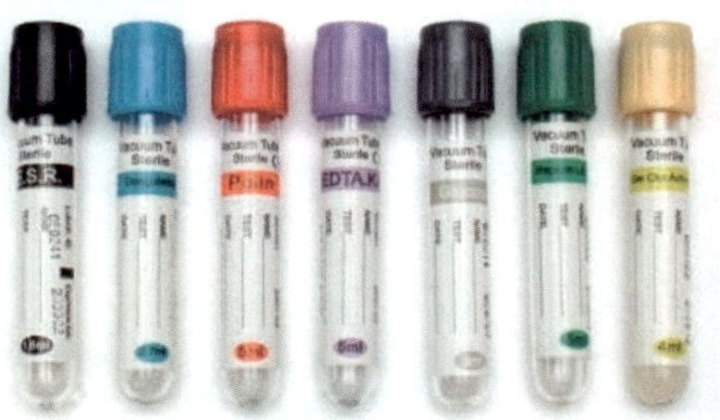	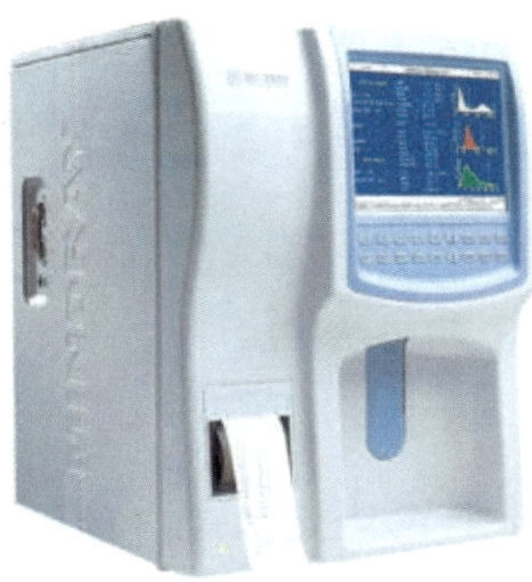

혈액화학분석기	피펫, 팁, 튜브
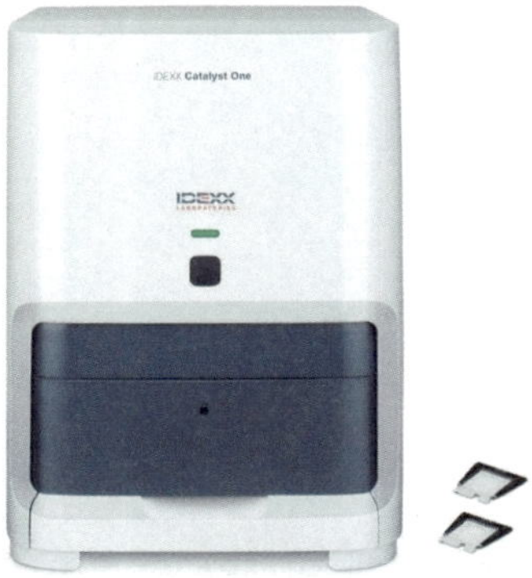	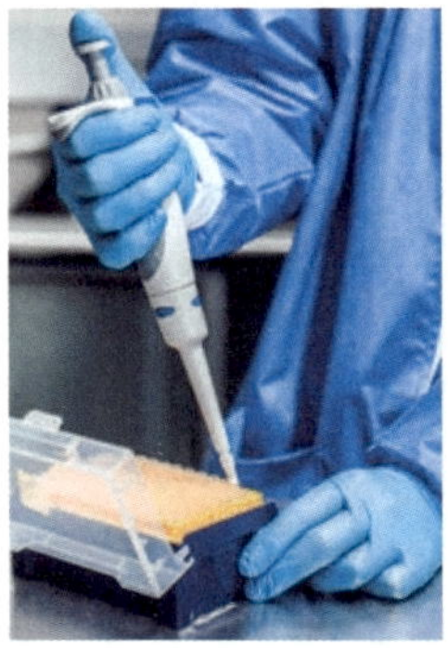 

출처: 혈액 검체 용기(https://www.indiamart.com/proddetail/non-vacuum-blood-collection-tube-25979706230.html)
자동혈구분석기(https://www.dailygaewon.com/news/articleView.html?idxno=2262)
혈액화학분석기(https://www.idexx.kr/ko/veterinary/analyzers/catalyst-one-chemistry-analyzer/)
튜브(https://www.usascientific.com/seal-rite-1.5ml-tubes/p/Seal-Rite-1.5)

실습 방법

1. 각종 혈액 검체의 용기별 사용 방법을 학습한다.

2. 자동 전혈구 검사 방법을 학습한다.
   1) 장비 사용법을 숙지한다.
   2) 혈액 검사 방법을 연습한다.
   3) 검사 결과를 확인하고 해석한다.

3. 혈액화학 검사 방법을 학습한다.
   1) 장비 사용법을 숙지한다.
   2) 혈액화학 검사 방법을 연습한다.
   3) 검사 결과를 확인하고 해석한다.

실습 일자	월 일 ( ) 주차
실습 내용	
내용 요약	

2. 혈액검사 Ⅰ

실습 목적

1. 혈액 도말 과정을 이해하고 실행할 수 있다.
2. 혈액 도말 염색법을 이해하고 실행할 수 있다.
2. 마이크로헤마토크릿법을 이용한 PCV 검사를 이해할 수 있다.

실습 준비물

EDTA 혈액 검체	Diff-Quick 염색
	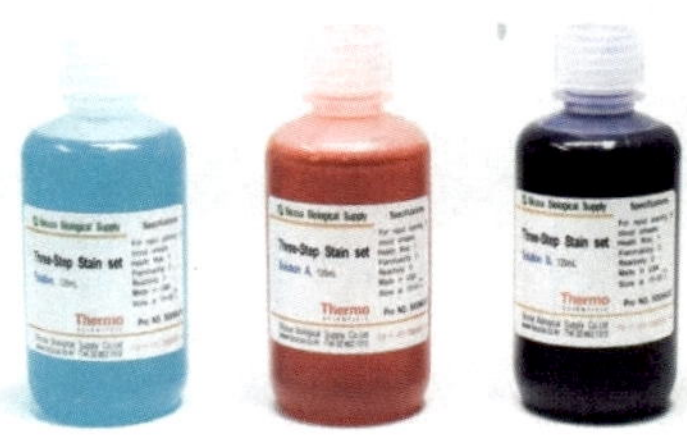
슬라이드 글라스	커버 글라스

미세모세관	미세모세관 원심분리기
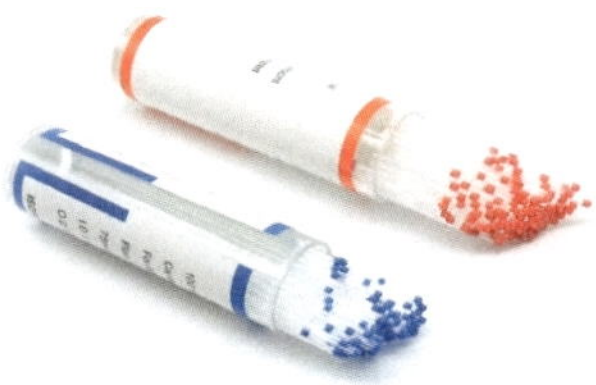	
미세모세관 실란트	**미세모세관 측정기**
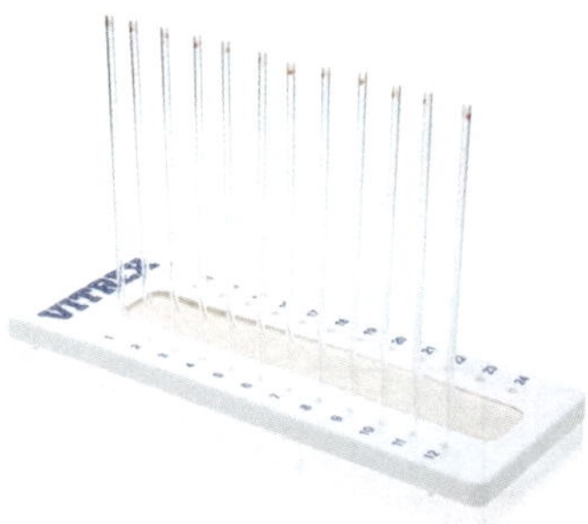	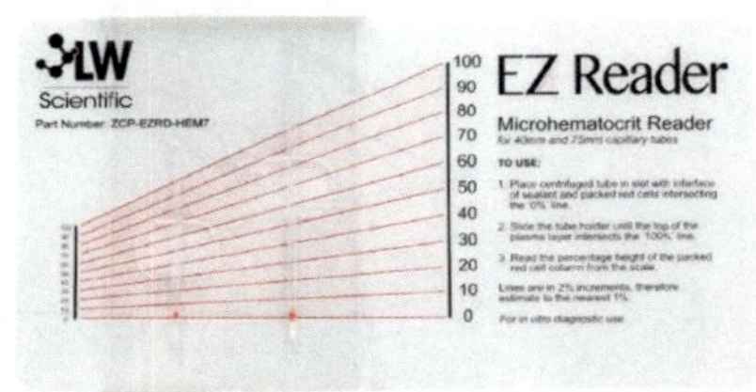

출처: EDTA 혈액 검체(https://bioscint.com/product/sarstedt-1-3ml-edta-tubes-100/)
Diff-Quick 염색(https://megascience.co.kr/product/diff-quick-solution/17691/)
슬라이드 글라스(https://unicat.msf.org/cat/product/13175?page=3&subcat=307)
커버 글라스(https://biozoa.co.kr/goods/view?no=65)
미세모세관(https://ycrongkang.en.made-in-china.com/product/)
미세모세관 원심분리기(https://okayenergy.en.made-in-china.com/product/)
미세모세관 실란트(https://www.ebay.co.uk/itm/133953168122)
미세모세관 측정기(https://www.lwscientific.com/products/hematocrit-reader-card)

실습 방법

1. 슬라이드 글라스와 커버 글라스를 이용하여 혈액 도말을 만들 수 있다.

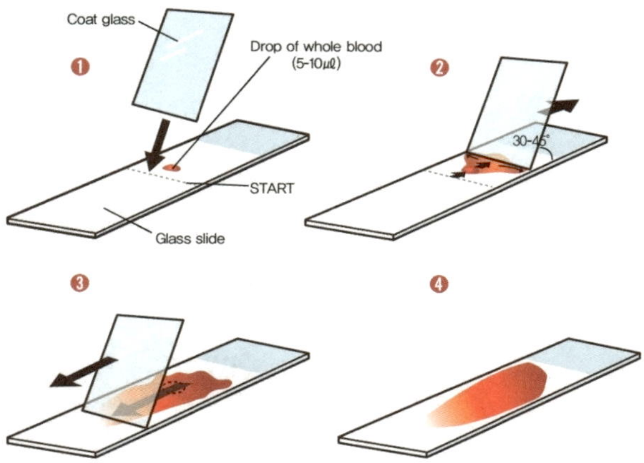

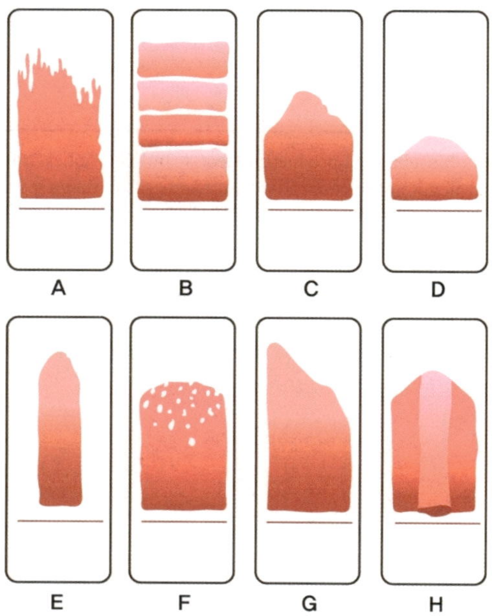

2. Diff-Quick 염색 방법을 이용하여 혈액 도말을 염색할 수 있다.

3. 마이크로헤마토크릿 튜브의 결과를 계산할 수 있다.

실습 일자	월 일 ( ) 주차
실습 내용	
내용 요약	

3 혈액검사 Ⅱ

실습 목적

1. 현미경 조작법을 이해하고 혈구 검사를 실행할 수 있다.
2. 적혈구 형태를 구분하고 정상과 비정상을 이해할 수 있다.
3. 백혈구 종류를 구분하고 감별 계산의 의미를 이해할 수 있다.

실습 준비물

현미경	혈액 도말 슬라이드
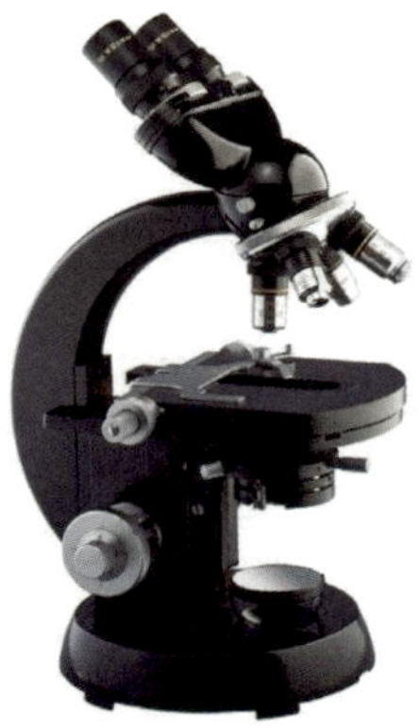	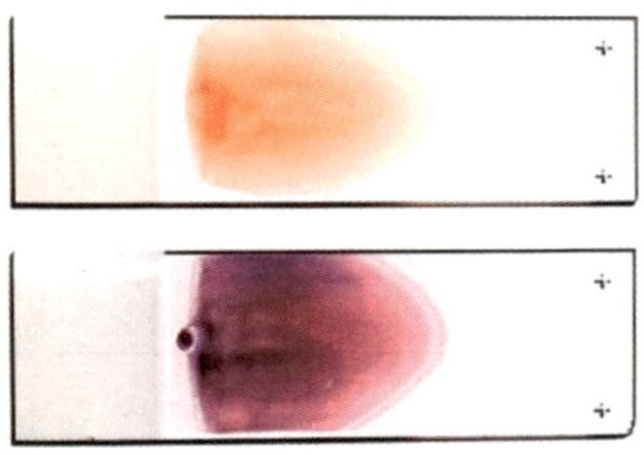

출처: 혈액 도말 슬라이드(https://storymd.com/topic/pA757keCyd-blood-smear)

실습 방법

1. 현미경 조작법을 이해하고 연습한다.

2. 적혈구의 정상적인 형태를 관찰한다.

3. 적혈구가 비정상적으로 관찰되는 형태를 확인하고, 비정상적인 적혈구의 명칭을 확인한다.

4. 백혈구의 형태를 구분할 수 있다.

고양이 혈구 세포

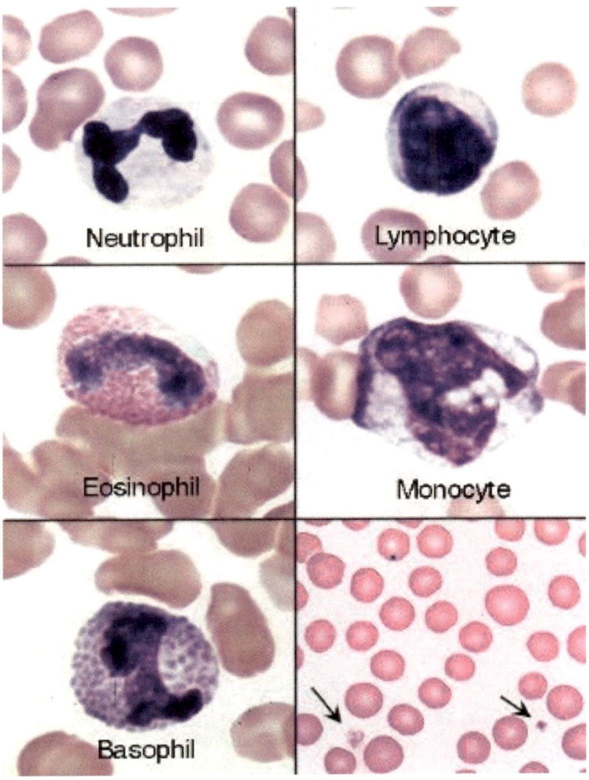

https://www.klimud.org/public/atlas/idrar/web/www.diaglab.vet.cornell.edu/clinpath/modules/heme1/feline.htm

5. 백혈구가 균일하게 분포되어 있는 부위(Zone of Morphology)를 확인한 후, '지그재그 방향'으로 백혈구를 100개까지 관찰하면서 감별 계산(differential count)한다.

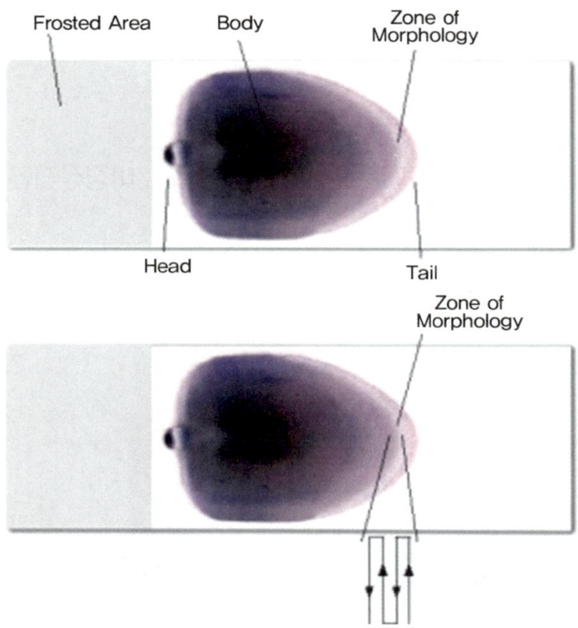

https://www.slideserve.com/xiu/examination-of-peripheral-blood-smear

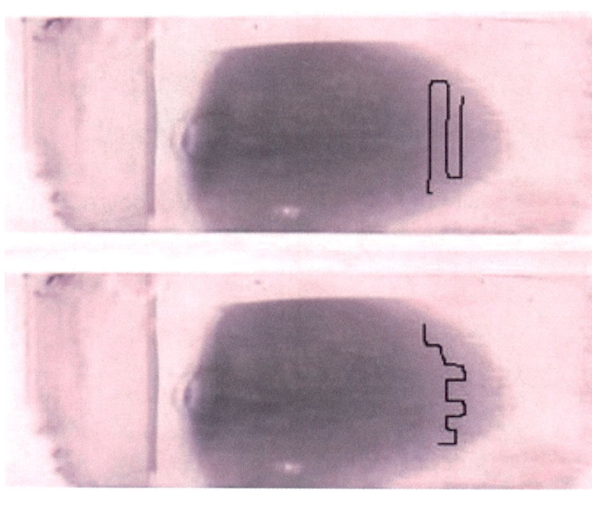

https://eclinpath.com/hematology/hemogram-basics/blood-smear-examination/diff-count-2/

실습 일자	월　　일 (　　　) 주차
실습 내용	
내용 요약	

4 요 검사

실습 목적

1. 요비중계를 이용한 검사방법을 이해하고 수행할 수 있다.
2. 요 스틱을 이용한 검사를 이해하고 수행할 수 있다.
3. 요침사를 현미경으로 검사하는 과정을 이해하고 수행할 수 있다.

실습 준비물

요비중계	요 스틱
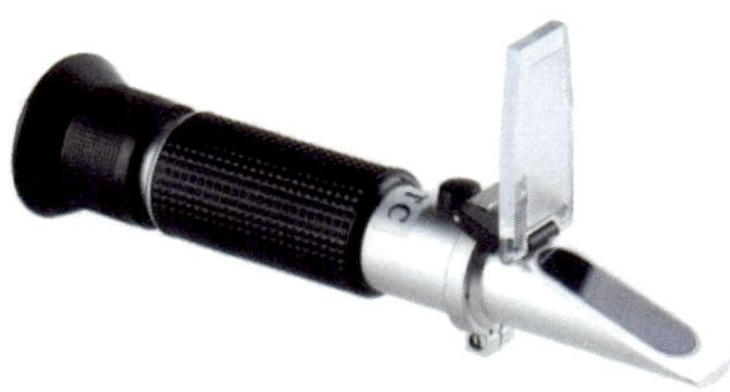	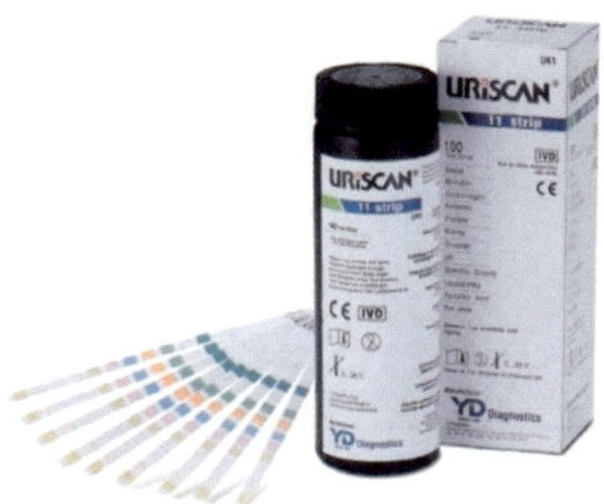

원심분리기	현미경
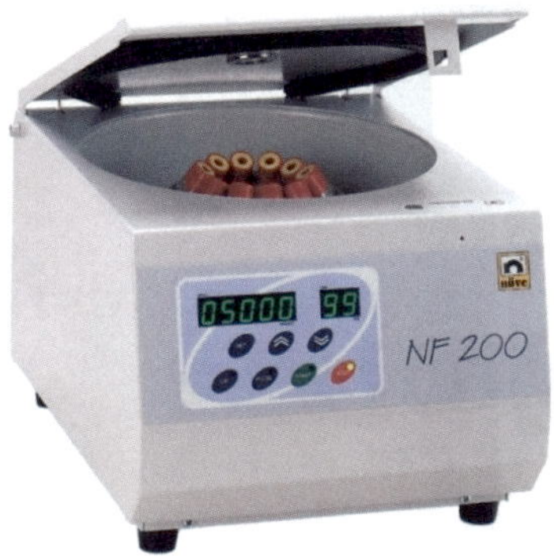	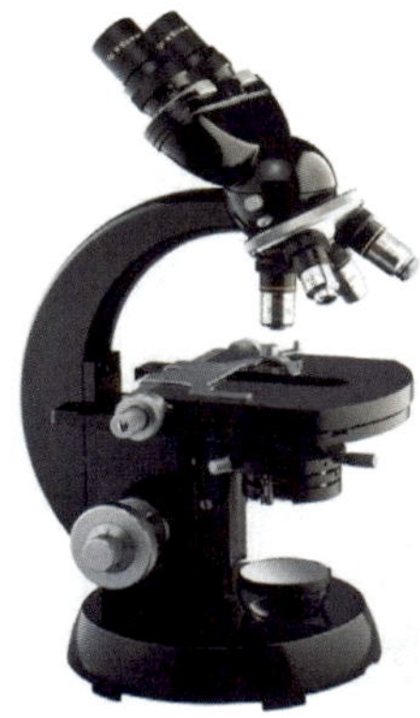
슬라이드 글라스	**Diff-Quick 염색**
	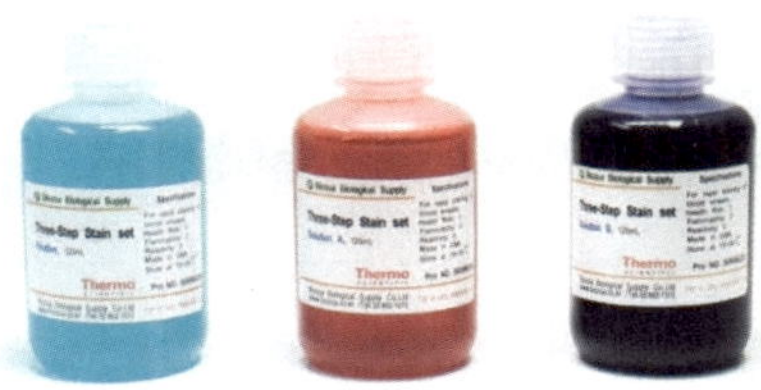

출처: 요비중계(https://www.11st.co.kr/products/3869007012)
요 스틱(http://www.yd-diagnostics.com/2012/kor/channel_02/prt_list.php)
원심분리기(https://www.medicalexpo.com/prod/nueve/product-69565-608267.html)
슬라이드 글라스(https://unicat.msf.org/cat/product/13175?page=3&subcat=307)
Diff-Quick 염색(https://megascience.co.kr/product/diff-quick-solution/17691/)

실습 방법

1. 요비중계 조작법을 이해하고, 결과 판독을 연습한다.

① 덮개를 열고 프리즘 위에 증류수 2~3방울을 떨어뜨린 후, 덮개를 덮어 증류수가 골고루 퍼지게 한다(20~30초 대기).

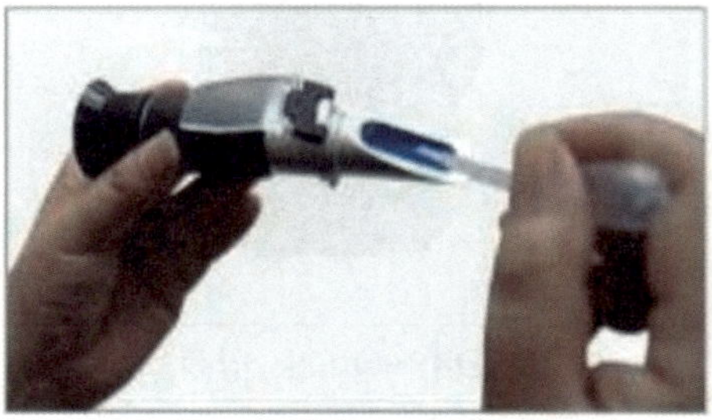

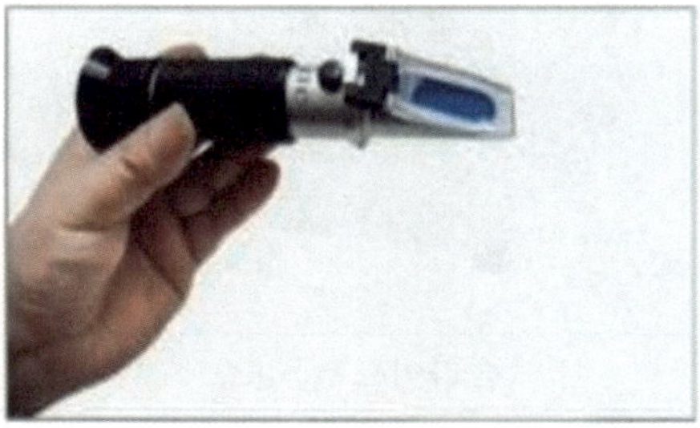

② 접안렌즈를 보면서 청색과 백색 영역이 만나는 경계가 정확히 0 눈금과 만날 때까지 보정 나사를 돌린다.

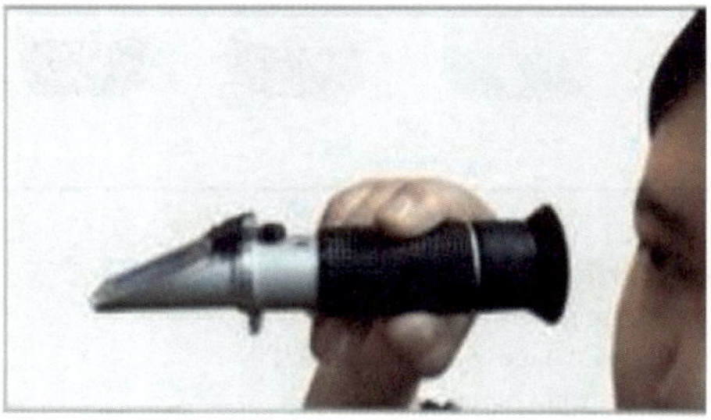

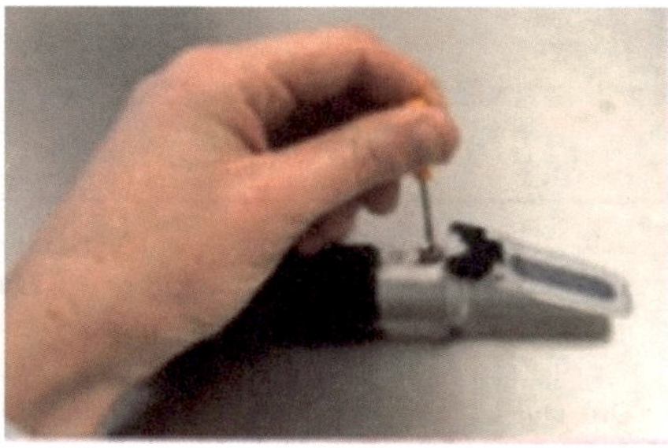

③ 증류수를 닦은 후, 테스트할 샘플 시료를 프리즘 위에 1~2방울 떨어뜨린다.

④ 청색과 백색의 경계선이 교차하는 눈금의 숫자를 판독한다.

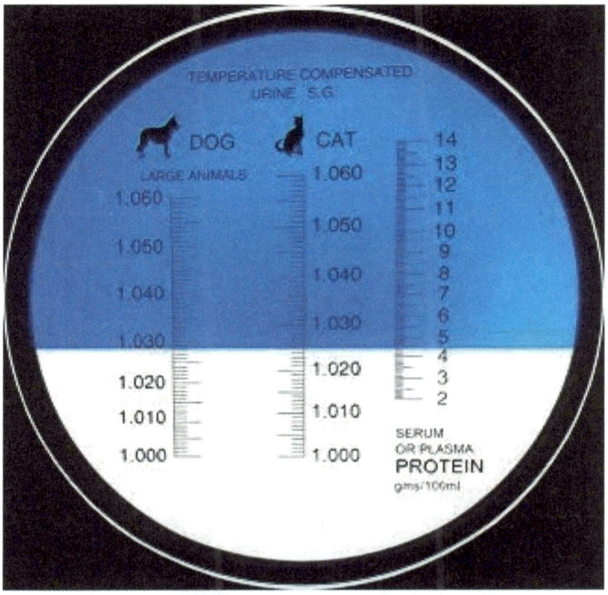

2. 요 스틱 검사를 실시하고, 시간 경과 후 색깔 변화에 따라 결과를 판독한다.

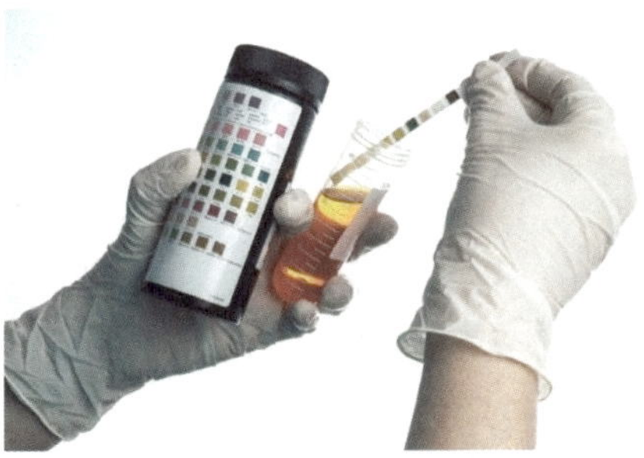

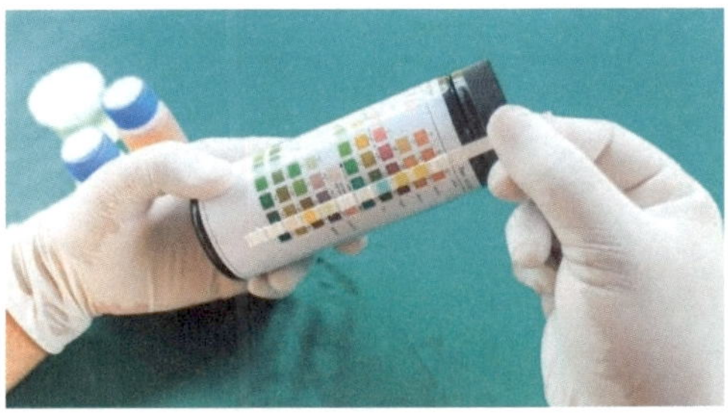

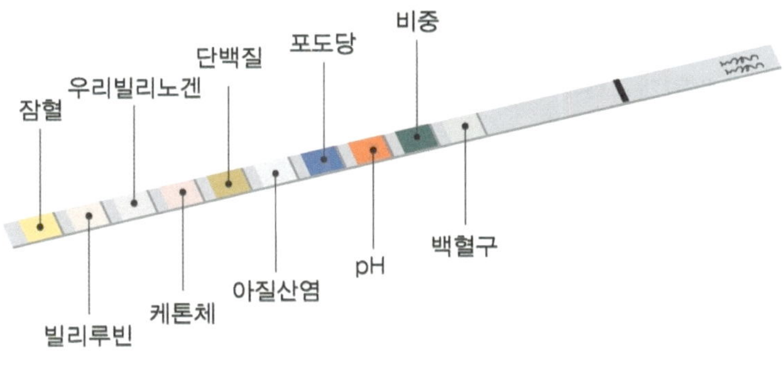

3. 소변을 원심분리한 후, 침전물을 현미경으로 관찰한다. 침전물의 종류를 해석한다.

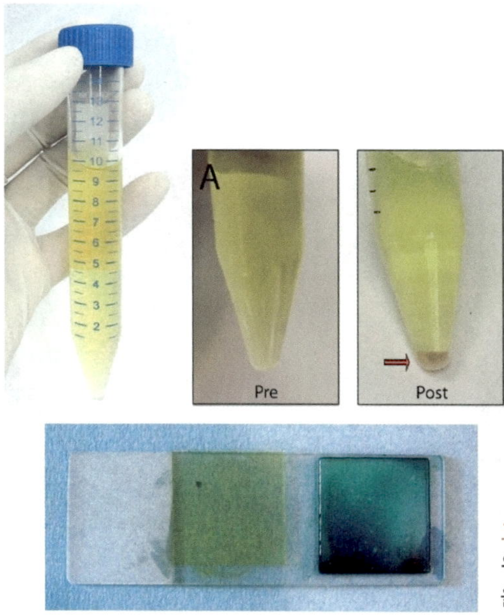

그림 4.1 현미경 검사를 위해 염색을 하거나 염색을 하지 않은 요침사

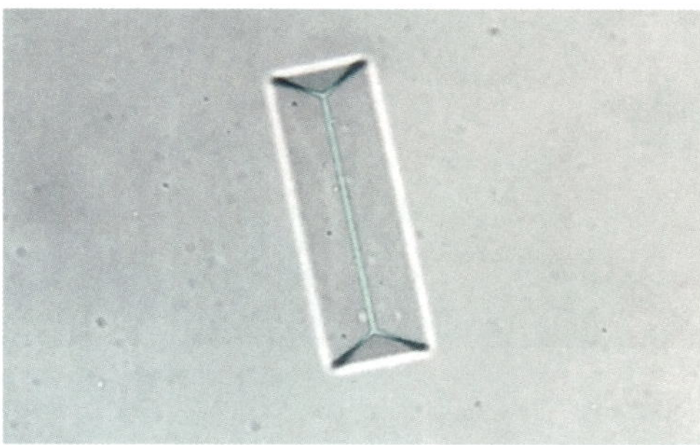

그림 4.2 염색하지 않은 개 소변에서 관찰되는 관 뚜껑 모양의 스트루바이트 결정

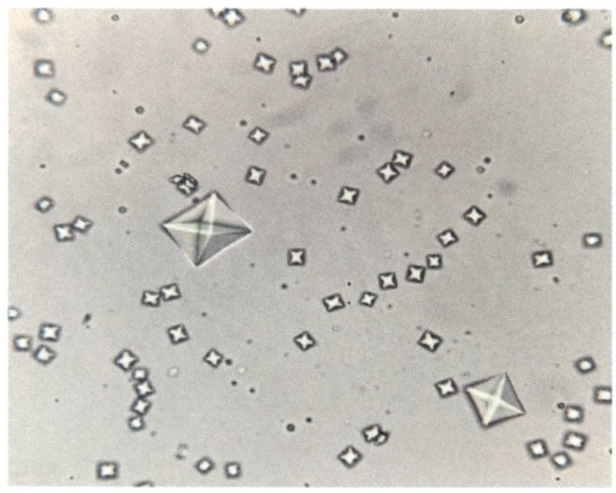

그림 4.3 염색하지 않은 개 소변에서의 수산칼슘9이수화 형태) 결정

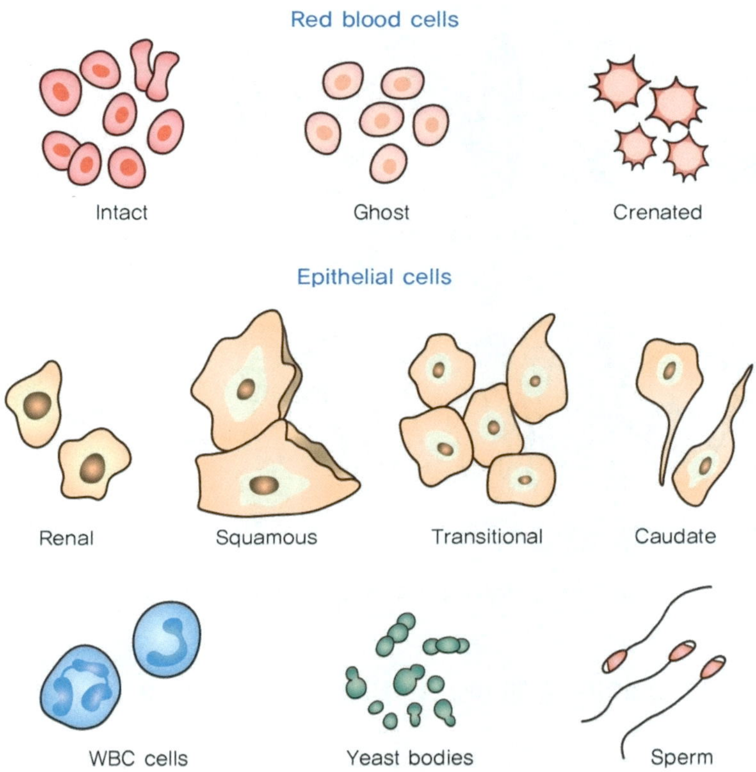

그림 4.4 소변에서 발견될 수 있는 세포의 종류

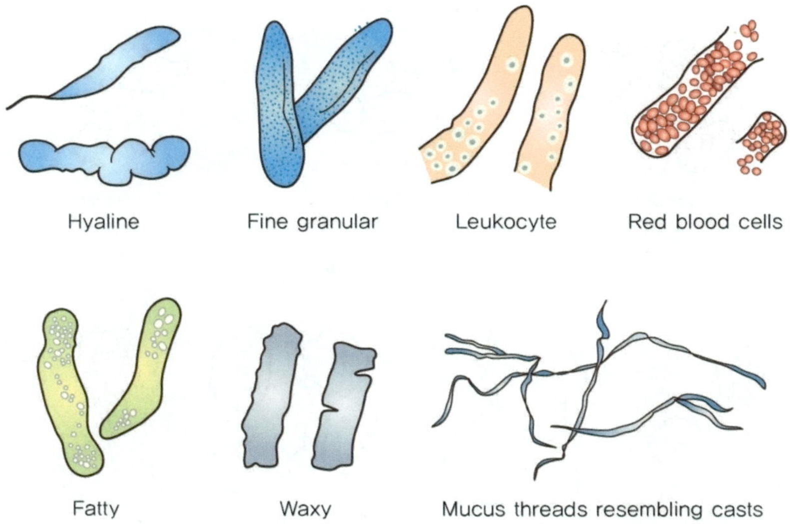

그림 4.5 소변에서 발견될 수 있는 다양한 종류의 원주

4. 요 침전물을 슬라이드 글라스에 도말을 만들어, Diff-Quick 염색 후 현미경으로 관찰한다.

실습 일자	월 일 ( ) 주차
실습 내용	
내용 요약	

5 분변 검사

실습 목적

1. 동물 환자의 분변 검체를 정확하게 채취할 수 있다.
2. 분변의 도말 표본 검사를 이해하고 수행할 수 있다.

실습 준비물

현미경	분변 면봉
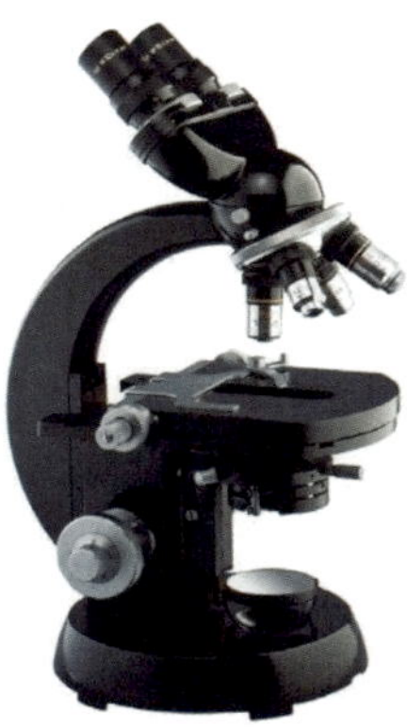	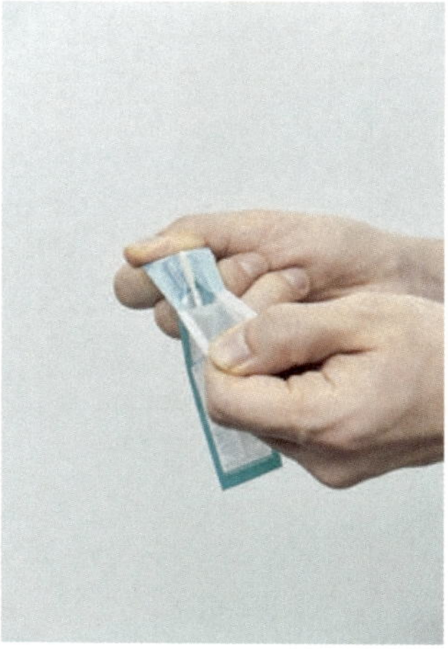

슬라이드 글라스	멸균 생리식염수
	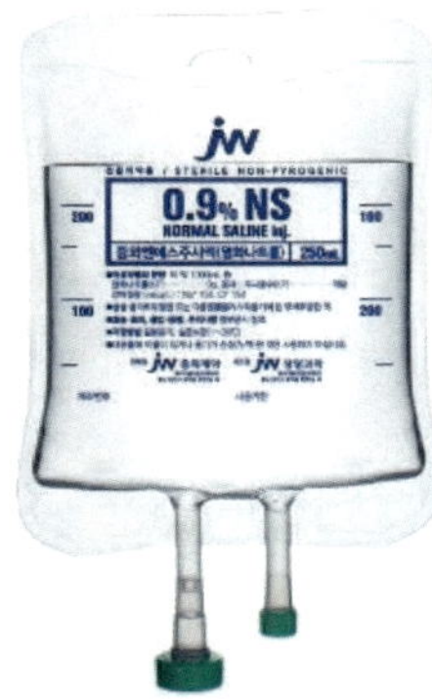

출처: 슬라이드 글라스(https://unicat.msf.org/cat/product/13175?page=3&subcat=307)
멸균 생리식염수(https://www.rxshop.co.kr/mall/)

실습 방법

1. 슬라이드 글라스에 생리식염수를 1~2 방울 떨어뜨린다.

2. 채취한 분변을 생리식염수와 잘 섞는다.

3. 커버글라스를 덮고 현미경으로 관찰한다. 기생충 충란 유무를 확인한다.

다양한 충란

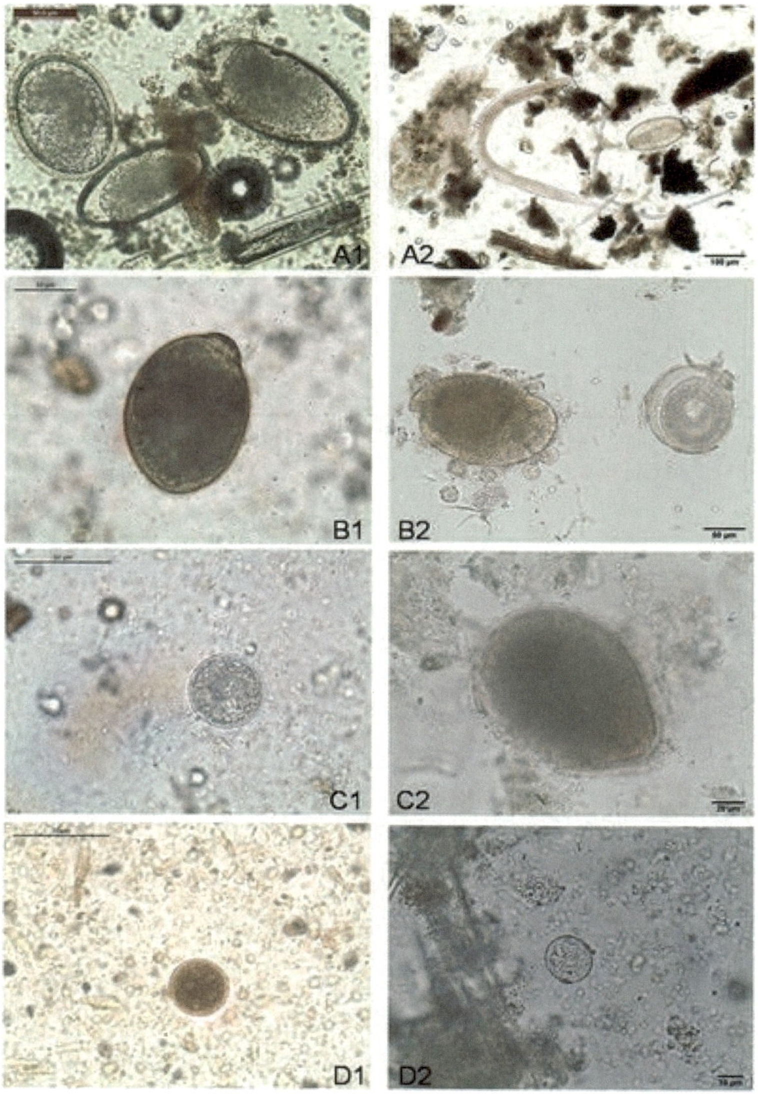

actavetscand.biomedcentral.com

실습 일자	월 일 ( ) 주차
실습 내용	
내용 요약	

6 키트 검사

실습 목적

1. 동물환자의 다양한 검사에 활용되는 상품화된 키트 종류를 이해할 수 있다.
2. 키트별 검사의 종류를 이해하고 검사과정을 수행할 수 있다.

실습 준비물

주요 키트 종류

EDTA 혈액 검체	진단 키트
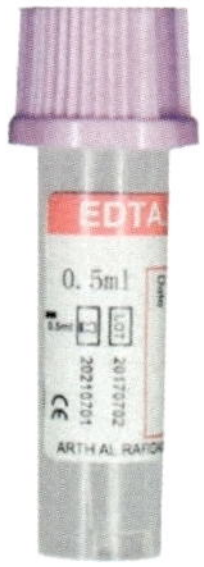	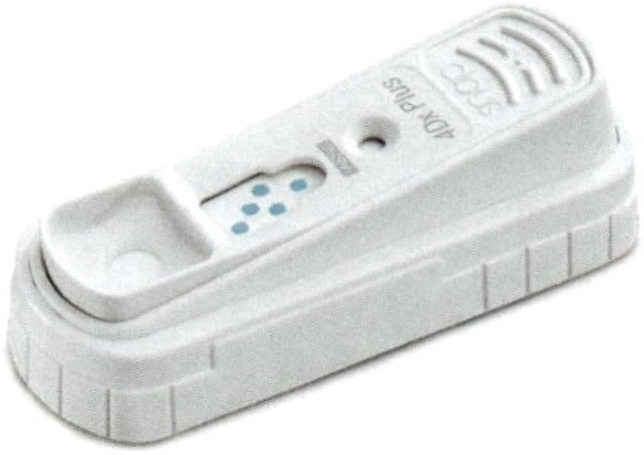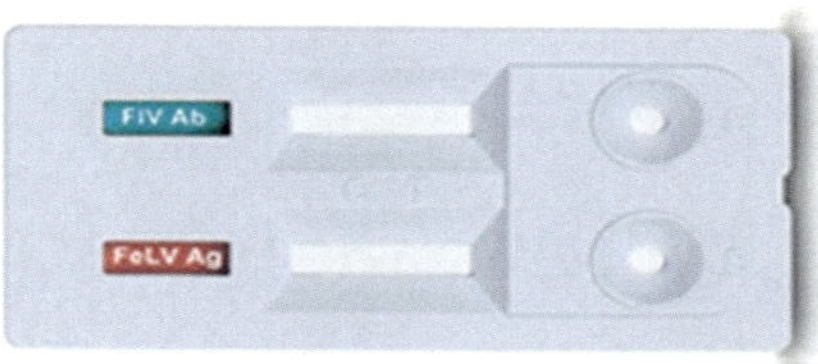

현미경	분변 검사 키트
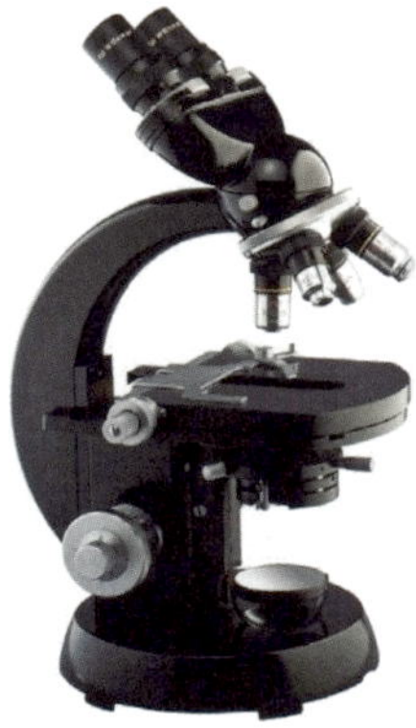	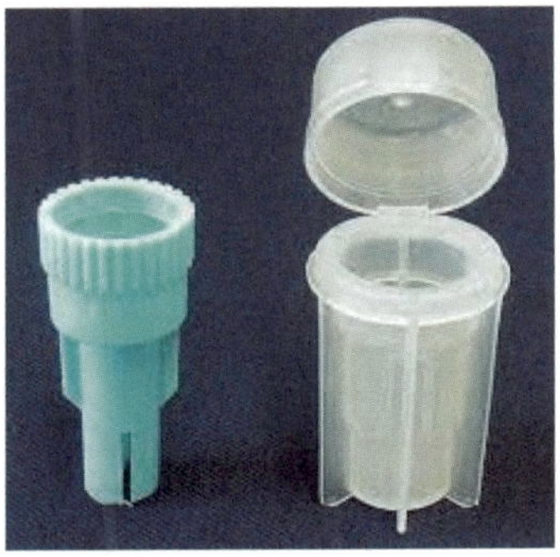

출처: EDTA 혈액 검체(https://bioscint.com/product/sarstedt-1-3ml-edta-tubes-100/)
진단 키트(https://www.idexx.kr/ko/veterinary/support/documents-resources/snap-4dx-plus-test-resources/)
진단 키트(https://mosalesvs.best/product_details/47685348.html)
분변 검사 키트(https://www.jorvet.com/wp-content/uploads/2012/01/Fecal-Ova-Float.pdf)

실습 방법

1. 키트의 종류를 확인하고 사용 방법을 정독한다.
   1) 항원검사, 항체검사, 혈액형 검사, 분변 검사 등
   2) 제조 회사별로 제시된 키트 사용 방법을 준수해서 수행한다.

2. 검사 종류에 맞는 환자의 검체(EDTA 전혈, 혈장, 혈청, 분변 등)를 준비한다.

3. 준비된 환자의 검체를 키트에 적용하고, 일정 시간이 지난 후 결과를 해석한다.

https://www.rapigen-inc.com/modules/catalogue/cg_view.html?cc=12&PHPSESSID=7b61801332db4d8042aa1361ad400b28&p=1&no=32&PHPSESSID=7b61801332db4d8042aa1361ad400b28

4. 분변 검사 키트 방법에 따라 수행한다. 일정 시간이 지난 후, 분변 부유액이 묻은 커버글라스를 현미경으로 검사하여 충란 유무를 관찰한다.

http://www.pet-informed-veterinary-advice-online.com/fecal-flotation.html

실습 일자	월 일 ( ) 주차
실습 내용	
내용 요약	

Chapter 05

동물보건응급간호학 및 실습

학습 목표

- 질병이나 외상으로 생명이 위급한 상황에 처해 있는 대상자에게 행해지는 즉각적이고 임시적인 처치로써 동물의 생명을 구하고 통증과 불편감 및 고통을 경감하는 기술을 이해한다.
- 동물보건사는 응급상황에 대처할 수 있는 정확한 지식과 기술을 획득할 수 있도록 한다.

학습 내용

1. 응급실 준비 및 응급카트 관리
2. 활력징후 체크 및 심폐소생술 보조
3. 수액/수혈 준비 및 보조
4. 호흡기/심장 응급동물 처치보조
5. 교통사고/골격손상 응급동물 처치보조
6. 중독/화상/이물섭취 응급동물 처치보조

1 응급실 준비 및 응급카트 관리

실습 목적

1. 응급실 및 응급카트 준비는 다양한 응급상황에서 의료장비, 의료기구, 및 응급약품을 언제든지 사용할 수 있도록 준비하는 기술을 이해한다.

2. 응급실에 필요한 물품의 항목리스트를 정리하고 해당 물품의 위치를 정확하게 숙지하여야 한다.

실습 준비물

응급카트	후두경
	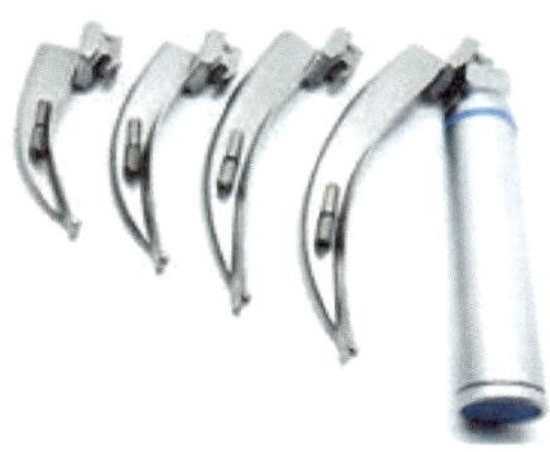

<table>
<tr><th>청진기</th><th>체온계</th></tr>
<tr><td>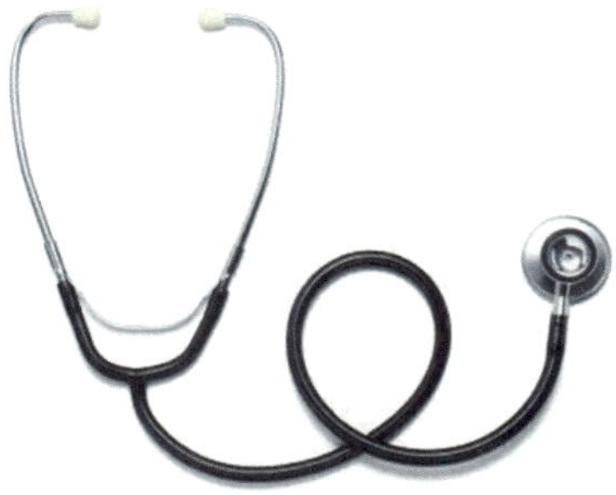</td><td>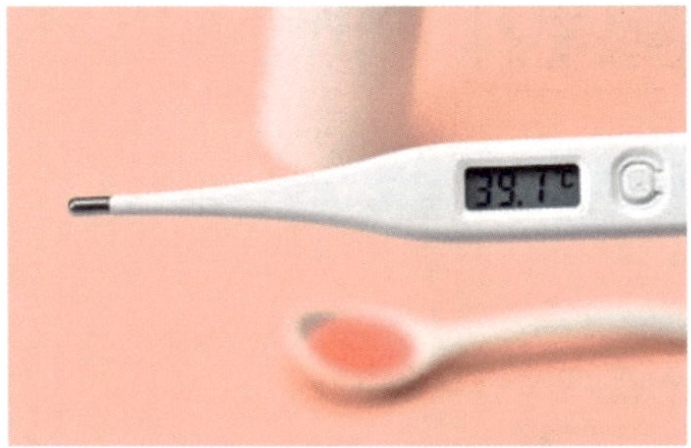
</td></tr>
<tr><th>환자감시장치</th><th>환자기록지</th></tr>
<tr><td>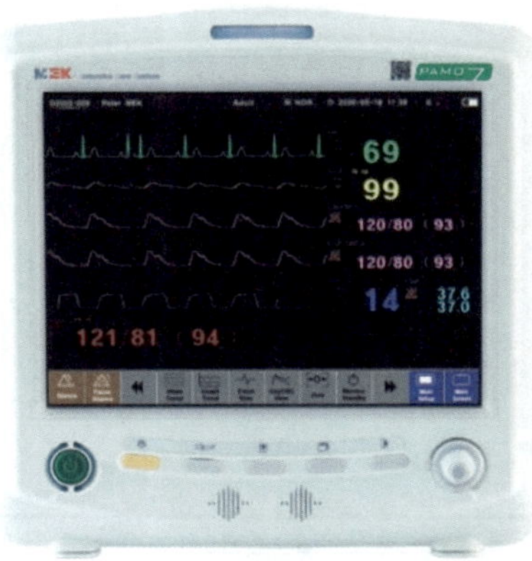
</td><td>
진 료 기 록 부</td></tr>
</table>

출처: 응급카트(https://www.optium.com.tr/medical-carts/)
후두경(https://eikonms.com/product/macintosh-laryngoscope-4-blades/)
환자감시장치(https://www.mek-ics.com/kor/Product3)
환자기록지(https://printing119.com/shop/shopdetail.html?branduid=720131&special=3&GfDT=bm56W18%3D)

실습 방법

1. 응급환자에 대한 즉각적인 치료와 처리를 위해 필요한 모든 응급장비 및 약품의 위치를 정확하게 숙지하도록 학습한다.
    1) 기관삽관튜브, 후두경, 주사기, 앰부백, 마취용 마스크, 석션유닛, 멸균장갑, 일반수술도구, 기관절개술 도구, 심폐소생 약물
    2) 후두경의 작동 및 램프 확인
    3) 다양한 크기의 기관삽관 튜브와 공기주머니 누출여부 확인
    4) 앰부백의 공기누출 여부 확인
    5) 응급카트의 위치별 수납상태 확인

2. 환자감시 모니터 장비 기능 확인하는 방법을 학습한다.

3. 응급실의 의료장비의 작동여부 및 이상여부를 사전에 확인하는 방법을 숙지한다.

4. 환자 보온 및 이송도구를 확인한다.

5. 응급환자 정보 기록용 의료차트 기록을 학습한다.

실습 일자	월　　　일 (　　　　) 주차
실습 내용	
내용 요약	

2 활력징후 체크 및 심폐소생술 보조

실습 목적

1. 응급환자의 신체에 영향을 미칠 수 있는 활력징후를 식별할 수 있도록 사전에 실습하도록 한다.
2. 심박수, 호흡수, 체온 등을 파악하여 환자의 상태를 진단할 수 있는 정보를 제공할 수 있다.
3. 심폐정지는 응급실에서 언제든지 발생할 수 있는 응급상황으로 신속하고 효율적으로 상황에 대처하는 것이 중요하다.

실습 준비물

혈압계	심전도기
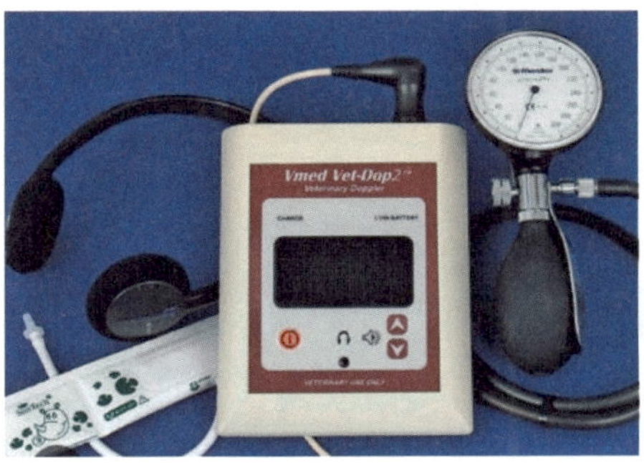	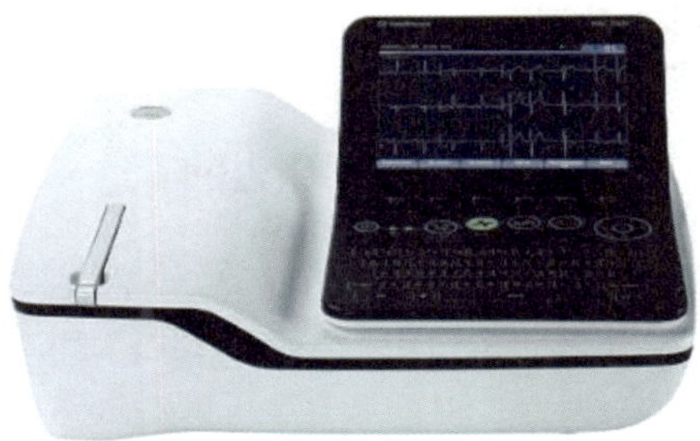

청진기	체온계
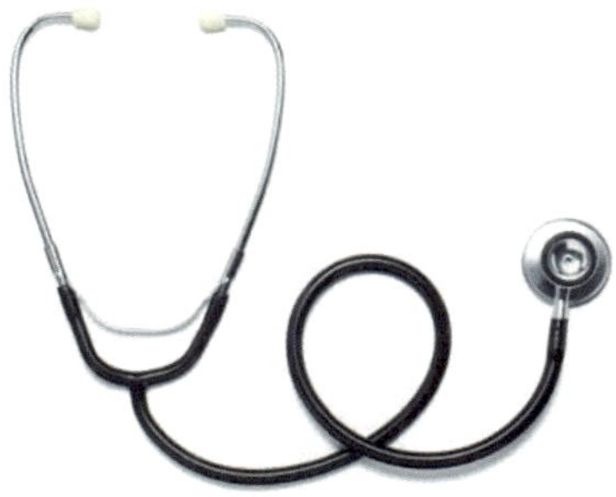	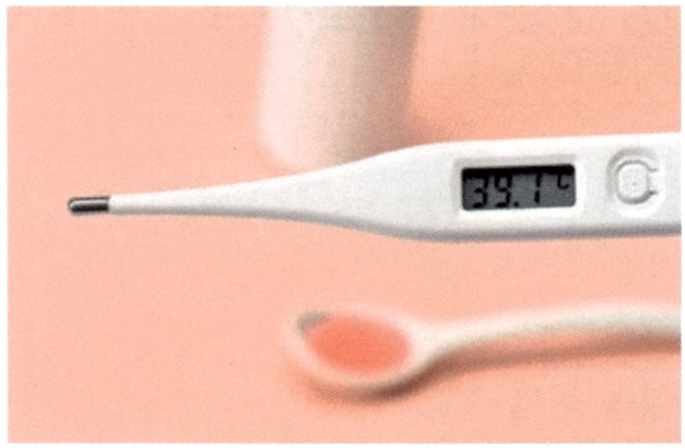
후두경	앰부백
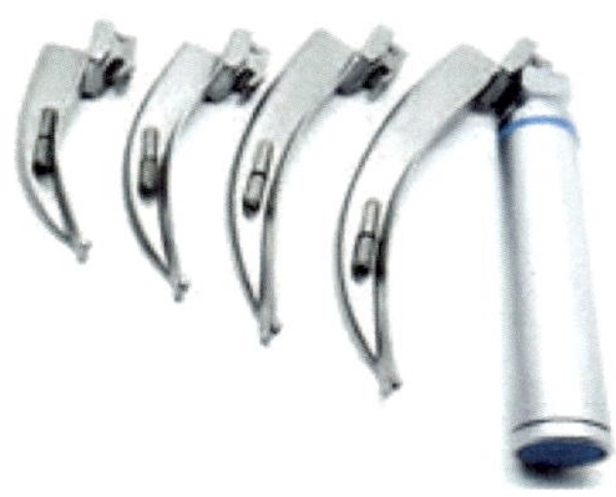	

출처: 혈압계(https://www.vetquip.com.au/catalogue/vet-doppler-with-cuffs-2/)
심전도기(http://www.bosa.co.kr/news/articleView.html?idxno=583825)
후두경(https://eikonms.com/product/macintosh-laryngoscope-4-blades/)
앰부백(https://medessmedical.com/product/ambu-bag/)

실습 방법

1. 기도가 막혀있는가 확인한다

2. 심장 및 호흡여부를 확인한다.

3. 직장체온을 측정한다.

4. 청진기를 통해 호흡수와 호흡음의 이상여부를 확인한다.

5. 응급환자의 대퇴동맥을 통한 맥박수 및 심박수를 확인한다.

6. 환자의 앞다리에서 도플러 혈압기를 통한 혈압을 측정한다.

7. 심정지가 확인되었을 경우 머리와 몸통을 수평으로 유지하여 기도 확보한다

8. 구강 또는 목에 이물질 확인 시 제거한다.

9. 한 손으로 개의 입을 감싸고 코에 바람을 불어 넣는다.

10. 맥박이 없을 시 심장마사지 실시한다.

11. 개의 늑골 2/3 지점에 한쪽 손을 놓고 다른 손을 위에 겹쳐 깍지를 낀다

12. 팔꿈치를 펴고 체중을 실어 압박(100회/분)한다.

13. 수의사에 의한 기관튜브 삽관을 보조한다.

실습 일자	월 일 ( ) 주차
실습 내용	
내용 요약	

3 수액/수혈 준비 및 보조

실습 목적

1. 대부분 응급환자는 체액의 손실을 보충하기 위한 수액치료가 필요하며 때에 따라서는 수혈을 통해 치명적인 상태에서 벗어날 수 있다.
2. 처치 전 환자의 평가를 통해 적절한 수액을 정맥에 투여하고 수액관리 및 환자 모니터링을 수행하는 지식을 습득한다.

실습 준비물

수액세트

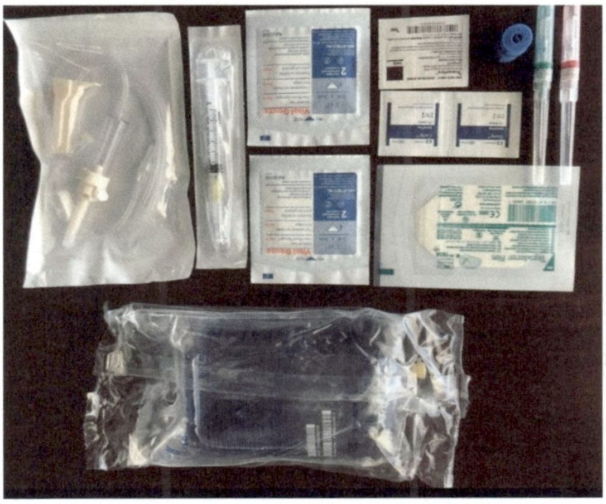

인퓨전펌브	시린지펌프
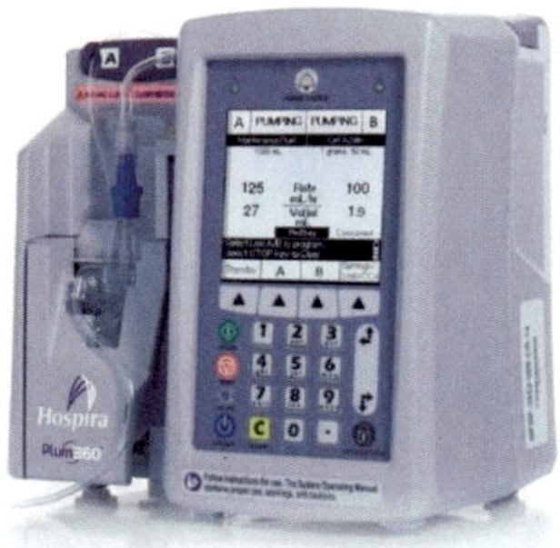	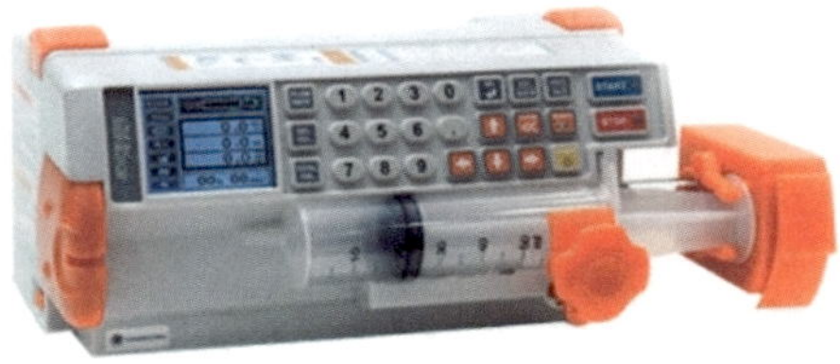

출처: 수액세트(https://www.sedationkit.com/product/iv-infusion-kit/)
인퓨전펌브(https://www.outfrontmedical.com/hospira-plum-360-infusion-pump/)
시린지펌프(https://drmro.com/goods/goods_view.php?goodsNo=9699)

실습 방법

1. 응급환자의 혈압 등 활력징후를 검사하여 정보를 제공한다.

2. 환자 상태에 적합한 수액의 종류를 선별하는 법을 학습한다.

3. 수의사의 지시에 따라 투여장소에 수액/수혈 투여를 위한 재료 및 장비 공급이 원활하게 이루어지도록 준비한다.

4. 환자의 크기에 적절한 정맥 카데터 게이지 준비한다.

5. 정맥카데터 장착을 위한 수의사 처지 보조한다.

6. 인퓨전펌프 또는 시린지펌프를 세팅한다.

7. 펌프가 없을 경우 수액세트의 유량조절기로 투여 속도를 세팅한다.

8. 장비를 이용한 수액투여 모니터링 및 환자 관리법을 학습한다.

9. 수혈이 필요한 경우 환자의 혈액형을 검사한다.

실습 일자	월 일 ( ) 주차
실습 내용	
내용 요약	

4 호흡기/심장 응급동물 처치보조

실습 목적

1. 호흡곤란은 대부분 응급상황시 환자에게서 빈번히 나타날 수 있다.
2. 이러한 환자들은 호흡상태를 개선하기 위한 즉각적인 응급처치가 필요하다.
3. 환자의 기도확보와 심장기능을 평가하고 이를 개선시키기 위한 처치방법을 습득하도록 한다.

실습 준비물

혈압계	응급카트
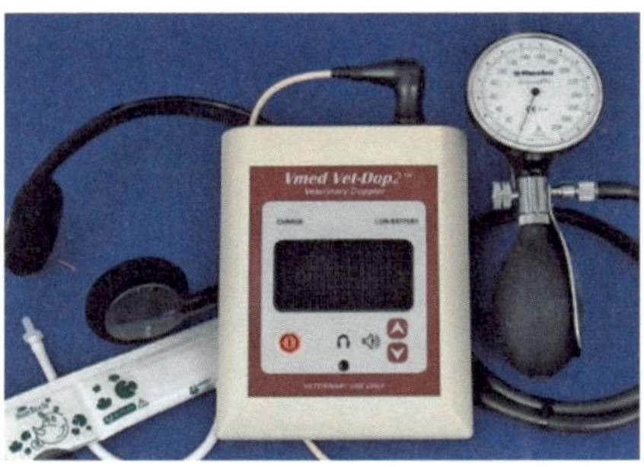	

청진기	산소통
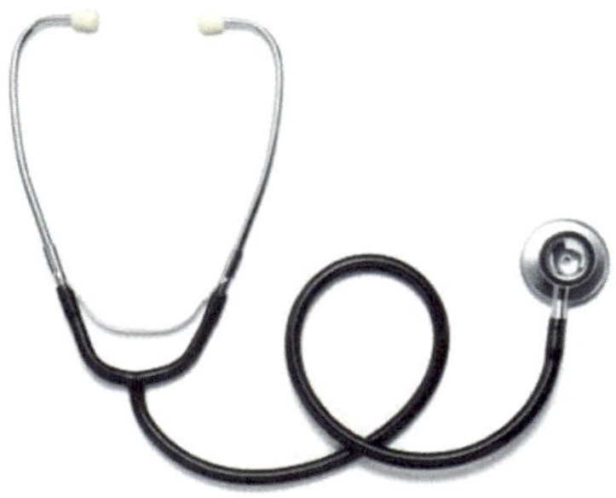	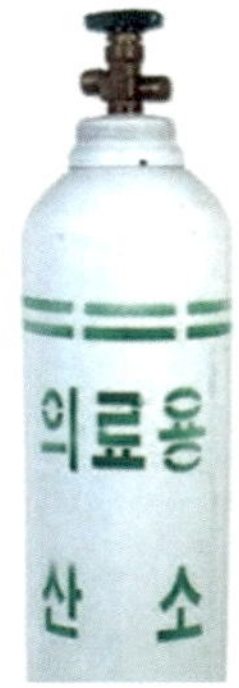
후두경	앰부백
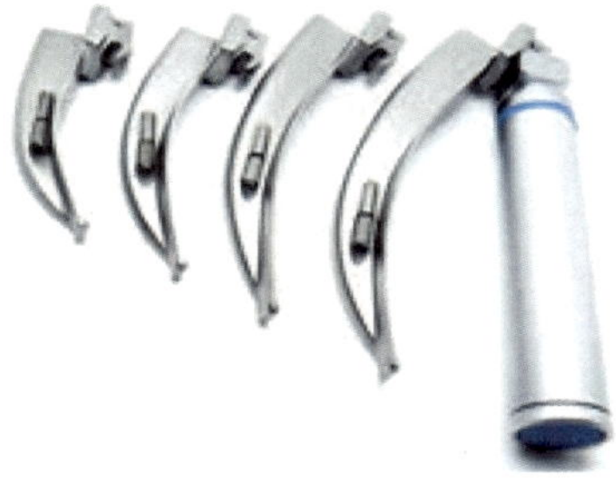	

출처: 혈압계(https://www.vetquip.com.au/catalogue/vet-doppler-with-cuffs-2/)
응급카트(https://www.optium.com.tr/medical-carts/)
산소통(https://m.omnidr.kr/product/detail.html?product_no=4750&cate_no=871&display_group=1)
후두경(https://eikonms.com/product/macintosh-laryngoscope-4-blades/)
앰부백(https://medessmedical.com/product/ambu-bag/)

실습 방법

1. 응급환자의 활력징후, 즉 호흡수, 심박수, 체온, 모세혈관충전시간 등을 평가한다.

2. 호흡기계의 손상에 의한 호흡이 어려운 응급상태를 파악하는 방법을 학습한다.

3. 환자의 입, 코, 흉곽의 움직임을 통해 자발적인 호흡여부를 확인한다.

4. 호흡이 없을 경우 혀를 손으로 잡아빼고 기도를 확보하기 위한 자세를 취하도록 한다.

5. 비강캐눌러 등 산소공급 처치를 준비한다.

6. 의식을 없을 경우 수의사의 지시에 따라 기관삽관 절차를 준비한다.

7. 환자를 흉와자세로 만들고 구강 상태를 확인한다.

8. 삽입된 기관삽관튜브를 고정한다.

9. 산소투여를 위한 준비를 한다.

실습 일자	월 일 ( ) 주차
실습 내용	
내용 요약	

5 교통사고/골격손상 응급동물 처치보조

실습 목적

1. 교통사고는 머리나 흉부 등 다양한 부위에 다발성으로 손상을 입게 된다.
2. 그 외에도 다양한 부상으로 응급환자의 골격에 치명적인 손상이 가해질 수 있다.
3. 교통사고 환자는 수의사의 지시에 따라 즉각적인 처치와 함께 수술을 수행하게 되며 이를 위한 처치를 보조하는 기술은 습득할 수 있다.

실습 준비물

수액세트

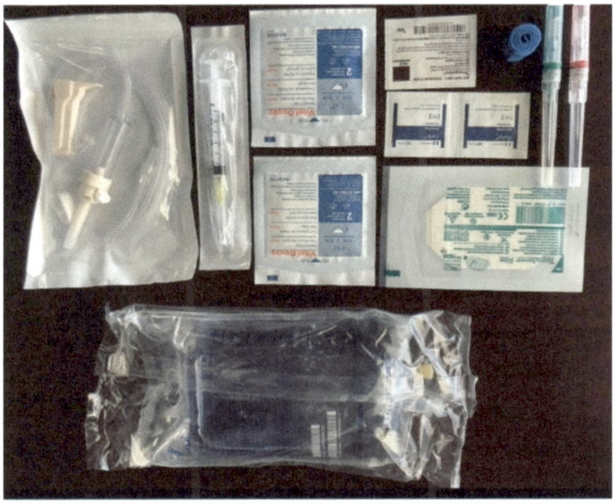

방사선촬영기	혈압계
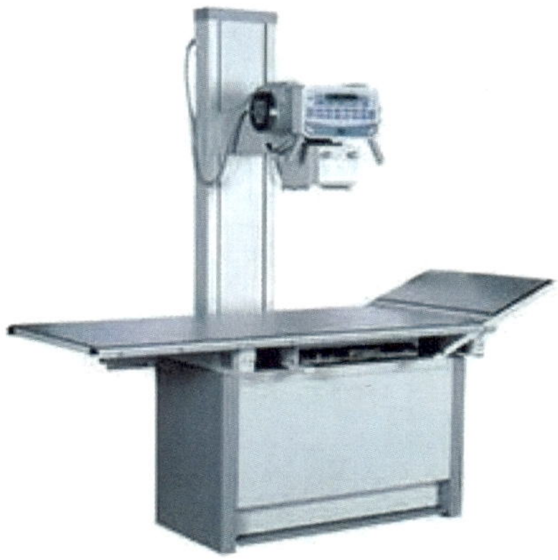	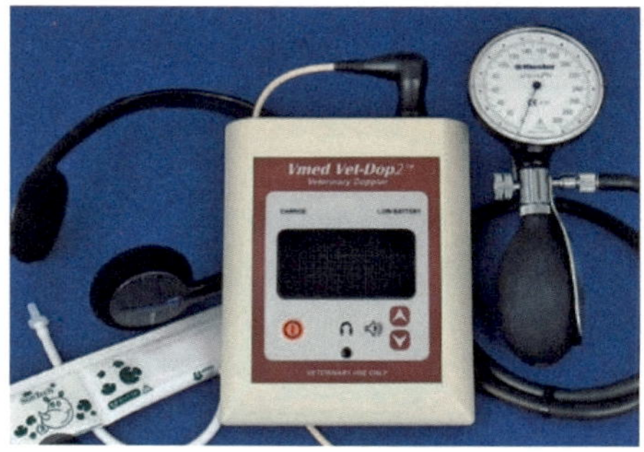
	압박붕대

출처: 수액세트(https://www.sedationkit.com/product/iv-infusion-kit/)
방사선촬영기(https://www.plhmedical.co.uk/veterinary-x-ray/x-ray-equipment/)
혈압계(https://www.vetquip.com.au/catalogue/vet-doppler-with-cuffs-2/)
압박붕대(https://www.thevetstore.net/shop/elastic-adhesive-bandage-2/)

실습 방법

1. 교통사고로 인한 환자의 정신상태, 걸음걸이, 피부 등의 상태를 확인하고 수의사에게 활력징후와 함께 보고한다.

2. 환자의 외상을 면밀히 관찰하고 수의사에게 보고한다.

3. 수의사의 지시에 따라 수액투여를 위한 준비를 한다.

4. 응급환자를 처치장소로 들것을 이용하여 안전하게 이동시킨다.

5. 골격검사를 위해 방사선 영상장치를 준비한다.

6. 수의사의 통증검사 등 신경반응 검사를 보조한다.

7. 수의사의 지시에 따라 약물을 준비한다.

실습 일자	월 일 ( ) 주차
실습 내용	
내용 요약	

6 중독/화상/이물섭취 응급동물 처치보조

실습 목적

1. 동물에게서 입을 이물질을 섭취하는 것은 일상적일 수 있다. 특히 실외에서 독성식물이나 약물에 노출될 수 있다.
2. 다양한 원인에 의하여 피부와 근육층까지 화상으로 인한 다양한 합병증을 유발할 수 있다.
3. 동물보건사는 다양한 검사를 통해 중독 및 화상의 정도를 파악하고 수의사에게 보고할 수 있다.

실습 준비물

혈청분석기	위관삽입튜브
	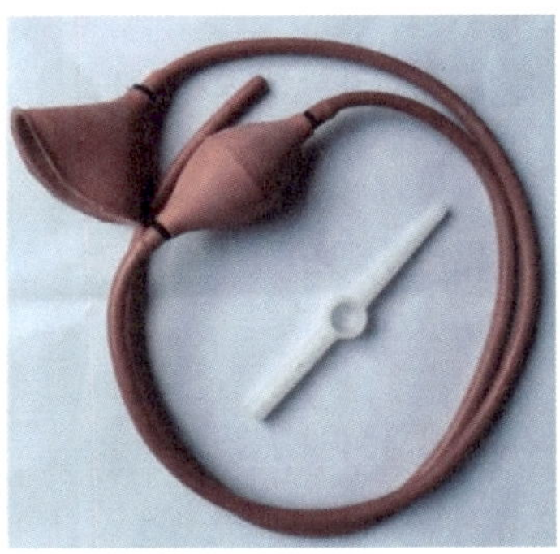

화상드레싱	활성탄
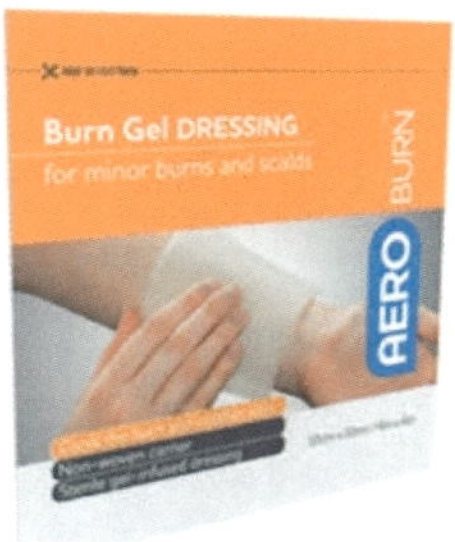	

출처: 혈청분석기(https://www.locmedt.net/veterinary-biochemisty-analyzer/noahcali-100-portable-vet-blood-chemistry-analyzer.html)
위관삽입튜브(https://www.indiamart.com/proddetail/stomach-tube-small-animal-2851521342788.html)
화상드레싱(https://veterinary.livingstone.com.au/Product/id/BURN10X10L/BURN-DRESSING-10X10CM-LOOSE)
활성탄(https://www.amazon.com/VetDtoxTM-Activated-Charcoal-Livestock-poisonings/dp/B00M3I6Q0K)

실습 방법

1. 환자의 활력징후를 검사하여 상태를 판단한다.

2. 중독검사를 위한 혈액검사용 채혈을 보조 및 동물을 보정한다.

3. 혈액검사를 위한 혈액전처리 등을 준비한다.

4. 중독 원인물질의 구토를 유도한다.

5. 수의사의 지시에 따라 위세척을 준비한다.

6. 화상 환자의 상태 및 화상 정도를 관찰하고 수의사에게 보고한다.

7. 화상 환자에게 적절한 드레싱법을 학습한다.

8. 수의사의 지시에 따라 화상 드레싱을 준비하고 보조한다.

9. 수의사의 지시에 따라 항생제, 진통제 등의 약물을 투여한다.

실습 일자	월 일 ( ) 주차
실습 내용	
내용 요약	

Chapter 06

동물보건영상학 및 실습

학습 목표

- 동물보건 영상 진단의 기본적인 개념을 이해할 수 있다.
- 동물환자의 영상 진단 업무를 전반적으로 이해할 수 있다.
- 영상 진단을 보조하고 필요한 장비 사용법을 숙지할 수 있다.

학습 내용

1. 방사선 검사의 이해
2. 신체 부위별 방사선 검사 보조 Ⅰ
3. 신체 부위별 방사선 검사 보조 Ⅱ
4. 신체 부위별 방사선 검사 보조 Ⅲ
5. 조영 검사의 이해와 보조
6. 초음파, CT, MRI 검사의 이해와 보조

1 방사선 검사의 이해

실습 목적

1. 방사선 검사의 원리와 장비에 대해 이해할 수 있다.
2. 방사선 검사시 안전 수칙에 대해 이해할 수 있다.
3. 방사선 검사 관련 용어에 대해 이해할 수 있다.
4. 방사선 촬영 과정을 이해할 수 있다.

실습 준비물

디지털 엑스레이(X-ray) 기계
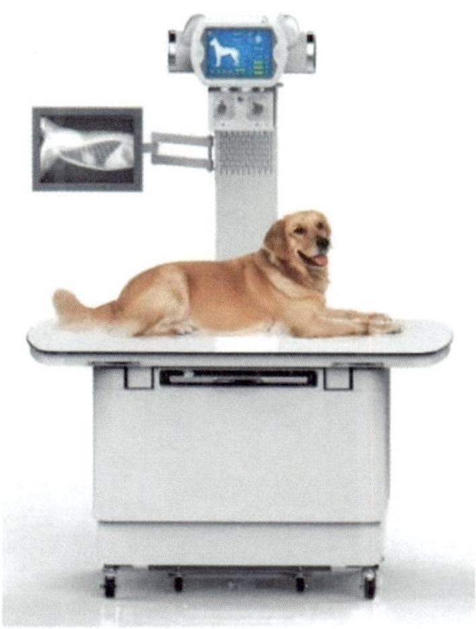

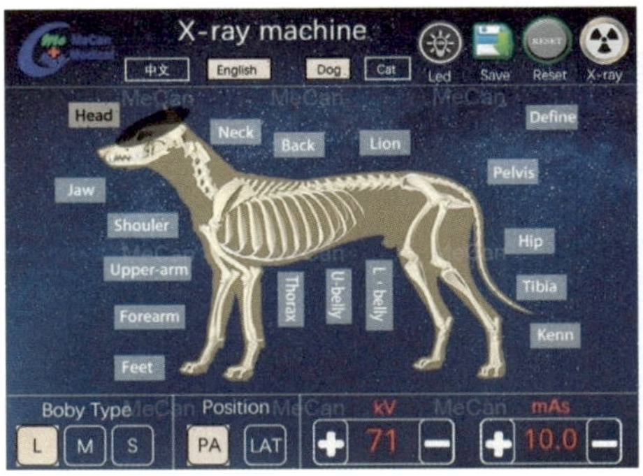

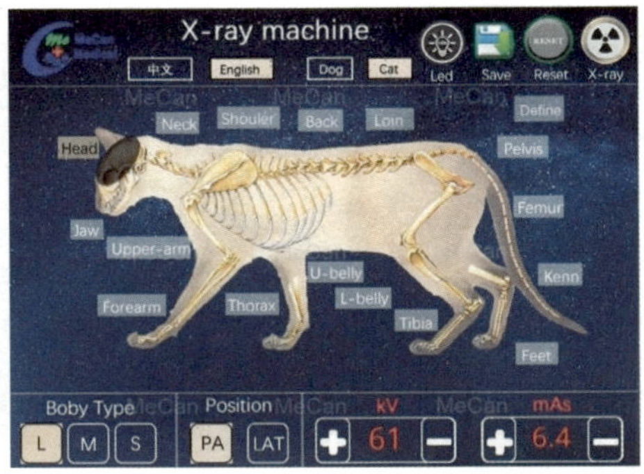

방사선 보호장비	방사선 보호장비

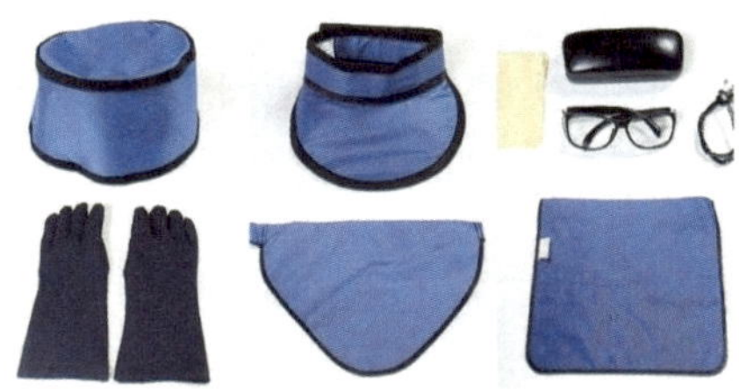

출처: 디지털 엑스레이(X-ray) 기계(https://ko.aliexpress.com/item/1005006169632685.html)
방사선 보호장비(https://m.imarket.co.kr/product/productDetailView.do?mPrdNo=1038650718)
방사선 보호장비(https://ko.loshield.com/x-ray-safety/lead-clothing/x-ray-lead-apron-protective-clothing.html)

실습 방법

1. 정상 방사선 사진과 환자의 방사선 사진을 비교하고, 다른 점에 대해 학습한다.

정상
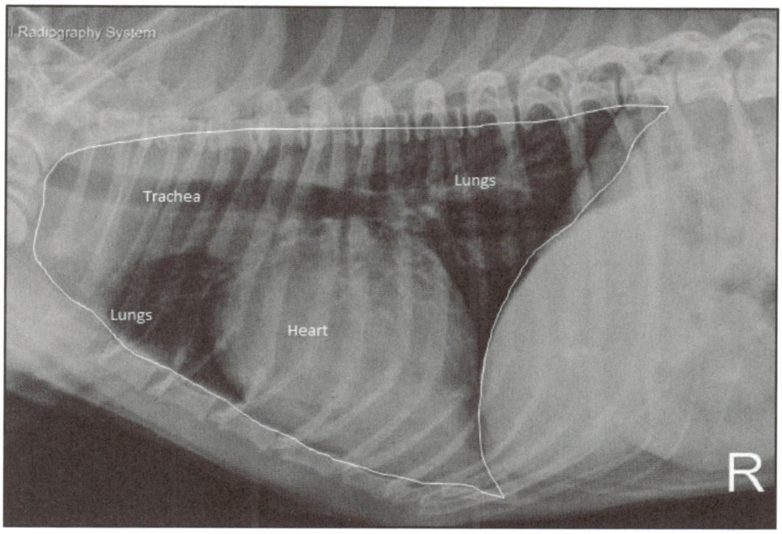
폐렴
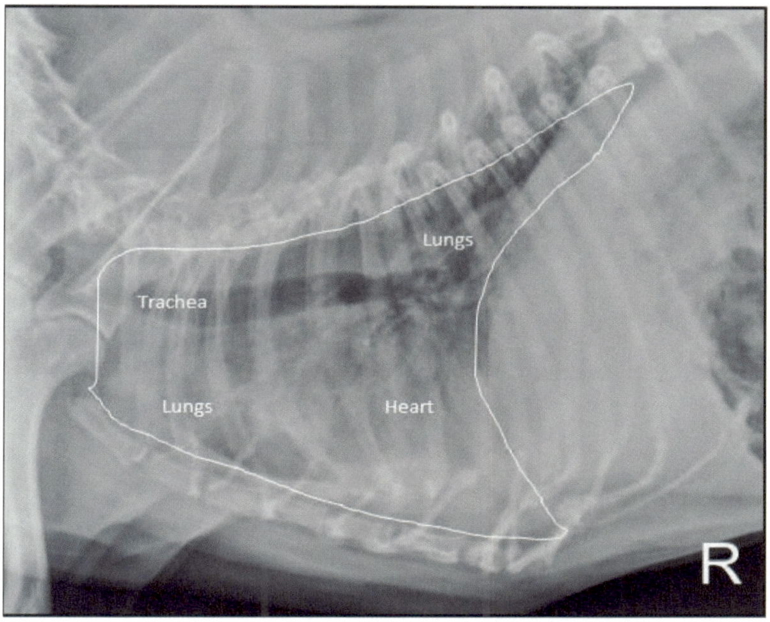

www.InternalMedicineForPetParents.com

2. 일반적인 방사선관의 내부 구조와 발생 원리를 이해한다.

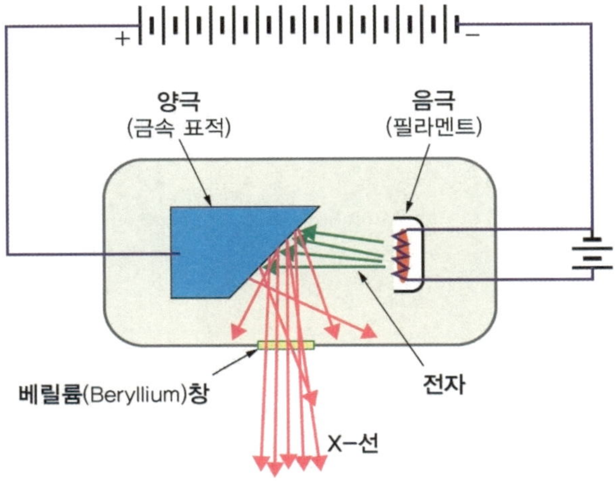

그림 6.1 X–선 발생장치

필라멘트에서 발생된 열전자는 양극(anode)에 걸어준 + 고전압에 의하여 가속되어 금속 표적에 부딪힌다. 갑자기 제동된 전자는 운동에너지에 해당하는 X–선을 발생한다. X–선은 표적에서 방사상으로 발생되나 베릴륨(beryllium)창 외로 가는 것은 차폐된다.

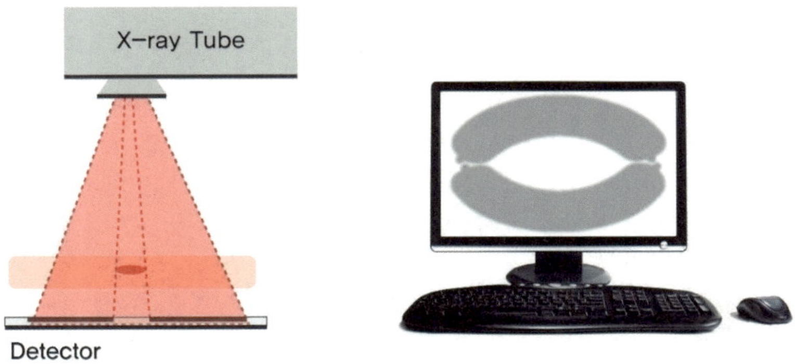

3. 방사선 검사시 안전에 대해 학습한다.

1) 방사선 보호장비(납복, 갑상선보호대, 납장갑, 고글 등)의 올바른 착용법을 이해하고, 촬영시에는 반드시 착용한다.
2) 엑스레이 촬영시 방사능 피폭 위험이 있으므로 방사선실의 모든 문을 닫는다.
3) 방사선 보호장비의 손상 여부를 정기적으로 확인하여 안전관리가 되도록 한다.

4. 방사선 자세와 관련한 주요 용어에 대해 학습한다.

용어(약어)	의미
Left(Lt)	왼쪽
Right(Rt)	오른쪽
Ventral-Dorsal(VD)	배등쪽, 배쪽 → 등쪽
Dorsal-Ventral(DV)	등배쪽, 등쪽 → 배쪽
Cranial(Cr)	머리쪽, 앞쪽
Caudal(Cd)	꼬리쪽, 뒤쪽
Lateral(L)	외측, 중심에서 먼쪽(바깥쪽)
Right Lateral(RL)	오른쪽 외측
Left Lateral(LL)	왼쪽 외측
Oblique(O)	경사
Region of Interest	관심 영역
Focus	초점
peak kilovoltage(kVp)	가속전압
mAs	관전류(mA), 노출시간(sec)의 합성어, 관전류량

- kVp는 투과도 조절, 과하면 검은색, 약하면 흰색
- mAs는 밀도 조절, 높으면 선명해지고 낮으면 흐릿

5. 방사선 장비의 구성과 명칭을 학습하고, 방사선 촬영과정을 연습한다.

1) 환자 정보 표시
2) kVp, mAs 조절
3) 환자를 위치하여 보정
4) 시준기를 켬
5) 촬영
6) 촬영이 끝나면 방사선 보호장비의 정리

6. 방사선 시험촬영을 반복하여, 방사선 노출조건표를 작성한다.

1) kVp - Santes의 법칙

   빔 센터의 신체 두께(cm) x 2 + 40

2) mAs - 5~10 mAs로 촬영하며, 영상이 가장 좋은 조건으로 결정

실습 일자	월 일 ( ) 주차
실습 내용	
내용 요약	

2. 신체 부위별 방사선 검사 보조 I

실습 목적

1. 흉부 방사선 촬영 방법을 이해하고 검사를 보조할 수 있다.
2. 복부 방사선 촬영 방법을 이해하고 검사를 보조할 수 있다.

실습 준비물

디지털 엑스레이(X-ray) 기계	동물 모형
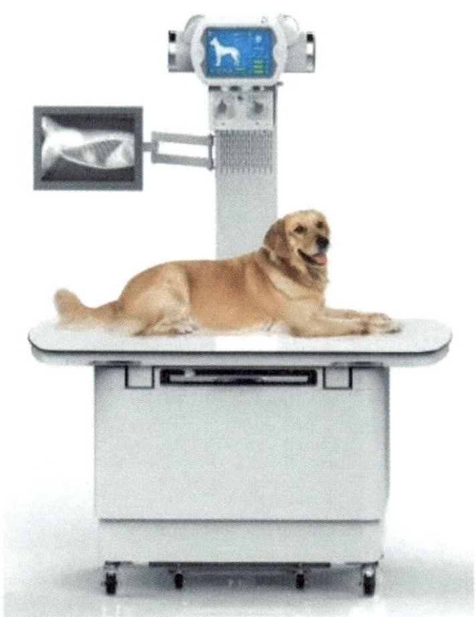	

방사선 보호장비	방사선 보호장비
	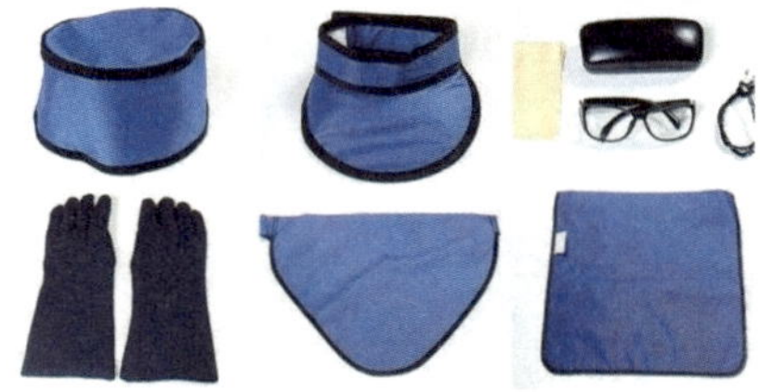

출처: 디지털 엑스레이(X-ray) 기계(https://ko.aliexpress.com/item/1005006169632685.html)
방사선 보호장비(https://m.imarket.co.kr/product/productDetailView.do?mPrdNo=1038650718)
방사선 보호장비(https://ko.loshield.com/x-ray-safety/lead-clothing/x-ray-lead-apron-protective-clothing.html)

실습 방법

1. 흉부의 외측(lateral)과 배등쪽(ventral–dorsal, VD), 등배쪽(dorsal–ventral, DV) 촬영 자세를 학습한다.

   1) 최대 흡기시 촬영하고, 추가적인 요청시 흡기와 호기를 나누어 촬영

   2) 우측 외측(Right Lateral) 촬영
      - 촬영 기법
        ① 동물 환자의 오른쪽(영향을 받은 쪽)을 아래로 향하게 한다.
        ② 앞다리는 겹치게 잡고 폐 전엽을 가리지 않게 앞으로 당긴다.
        ③ 뒷다리도 겹치게 잡고 뒤로 당긴다.
        ④ 머리는 중립적인 자세로 위치시킨다.
      - 초점 : 빔의 십자선은 어깨뼈 바로 뒤, 흉골에서 1/3 위, 심장 위의 중앙에 위치시킨다.

– 촬영범위 : 앞쪽은 경부(인후두부) 및 팔꿈치 관절 포함, 뒤쪽은 마지막 갈비뼈까지 포함한다.

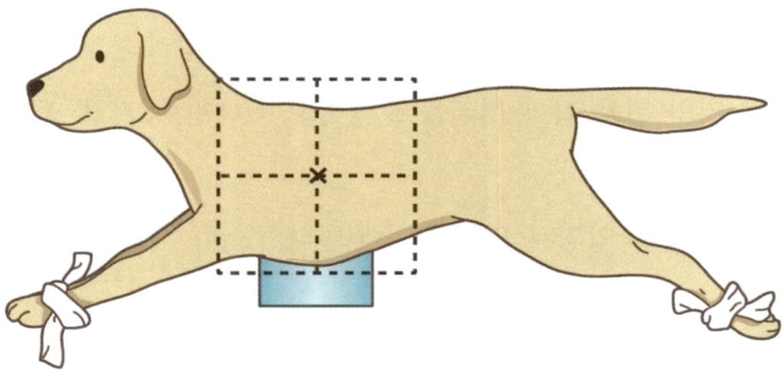

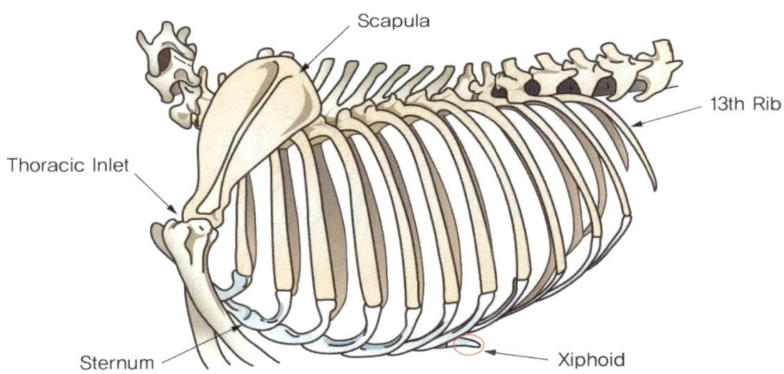

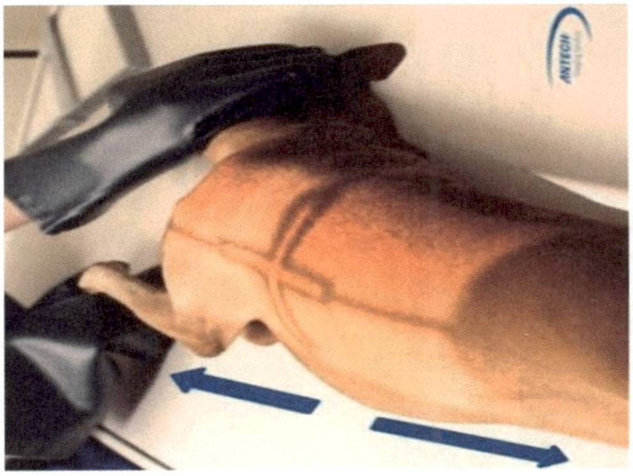

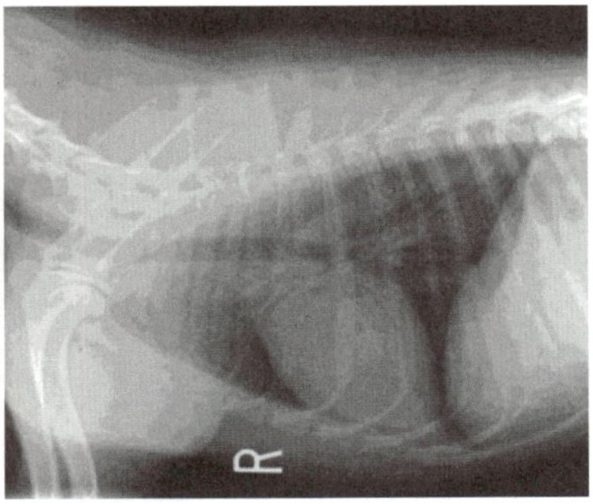

https://antechimagingservices.com/antechweb/video/Radiographic_Positioning_of_the_Dog_Thorax/story_content/external_files/Thoracic%20Positioning%20Course%20Handout.pdf

3) 배등쪽(VD) 촬영

– 촬영 기법

① 동물 환자의 등을 테이블에 위치시킨다.

② 머리, 척추, 흉골이 일직선이 되도록 위치시킨다.

③ 앞다리와 귀를 잡아 머리를 보정하고 최대한 당기고, 뒷다리도 당긴 상태에서 촬영한다.

④ 손가락이 촬영되지 않도록 주의한다.

– 초점 : 가로선은 어깨뼈 가장 뒤쪽 가장자리, 심장을 중심으로 위치시킨다.

– 촬영범위 : 앞쪽은 어깨뼈가 나오고, 뒤쪽은 마지막 갈비뼈까지 포함한다.

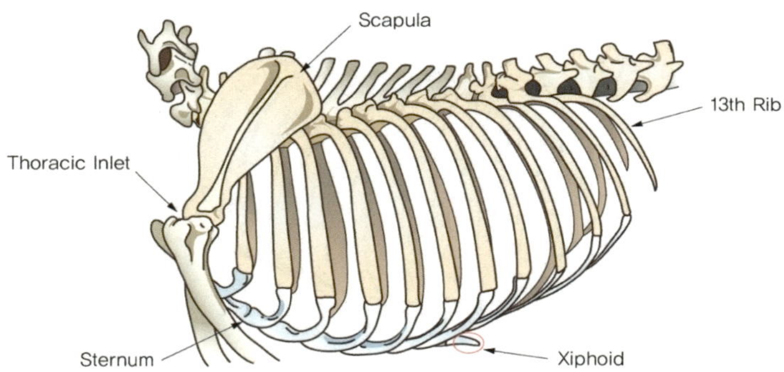

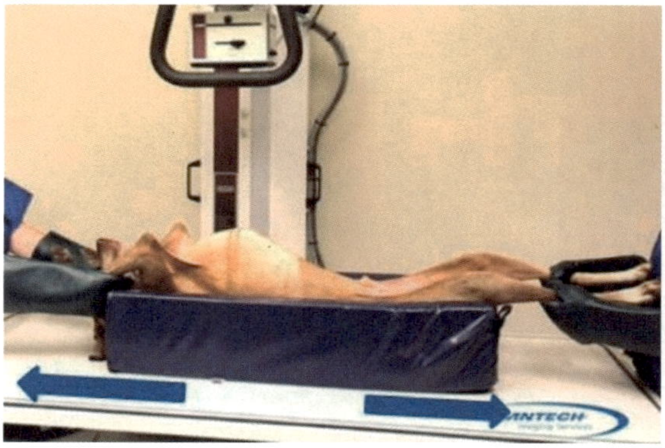

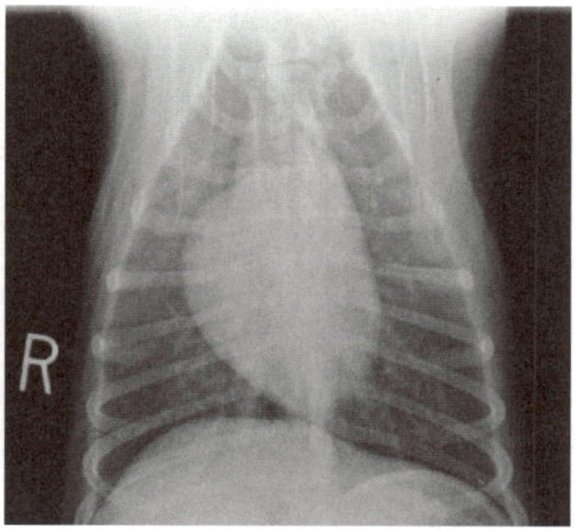

https://antechimagingservices.com/antechweb/video/Radiographic_Positioning_of_the_Dog_Thorax/story_content/external_files/Thoracic%20Positioning%20Course%20Handout.pdf

4) 등배쪽(DV) 촬영 – 추가 촬영

– 촬영 기법 : 엎드린 자세로 척추와 흉골이 겹치게 촬영한다.

① 동물 환자를 엎드린 자세로 테이블에 위치시킨다.

② 머리, 척추, 흉골이 일직선이 되도록 위치시킨다.

③ 앞다리와 뒷다리를 뻗어 동물환자의 양측에 자연스럽게 위치시킨다.

– 초점 : 가로선은 어깨뼈 가장 뒤쪽 가장자리, 심장을 중심으로 위치시킨다.

– 촬영범위 : 앞쪽은 어깨뼈가 나오고, 뒤쪽은 마지막 갈비뼈까지 포함한다.

– 호흡곤란이나 심장질환 등 진단에 특별하게 필요한 경우에 촬영한다.

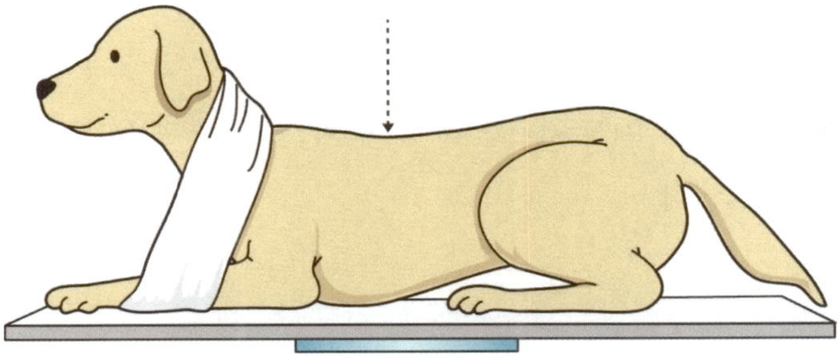

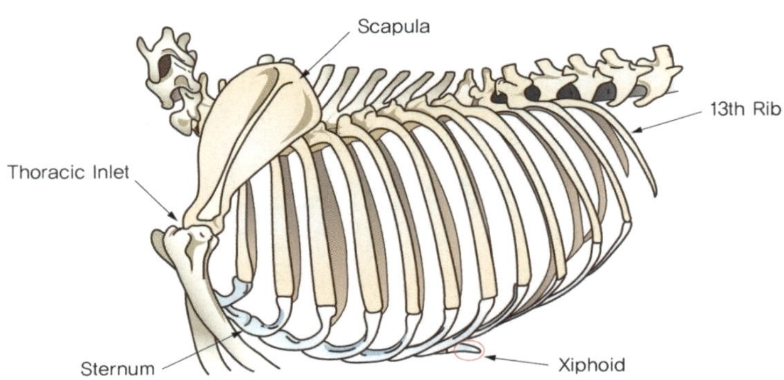

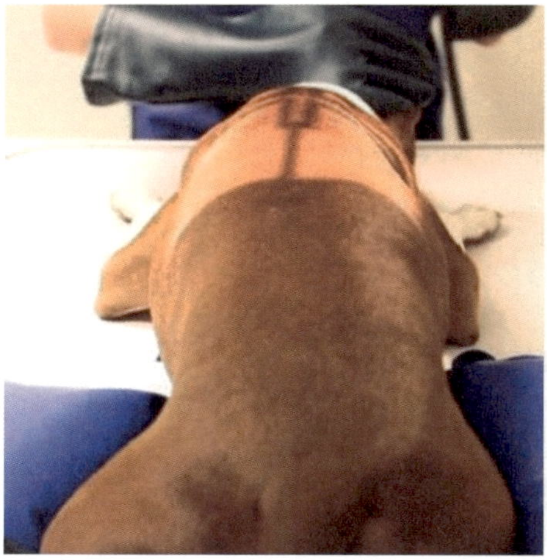

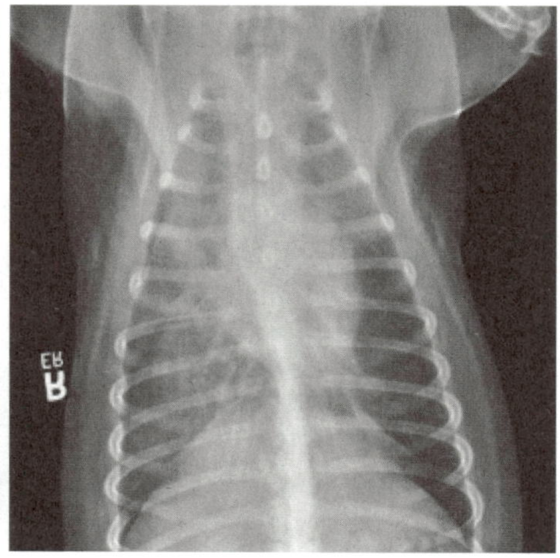

https://antechimagingservices.com/antechweb/video/Radiographic_Positioning_of_the_Dog_Thorax/story_content/external_files/Thoracic%20Positioning%20Course%20Handout.pdf

2. 복부의 외측(lateral)과 배등쪽(ventral-dorsal, VD), 등배쪽(dorsal-ventral, DV) 촬영 자세를 학습한다.

1) 우측 외측(Right Lateral) 촬영

- 촬영 기법

① 동물 환자의 오른쪽(영향을 받은 쪽)을 아래로 향하게 한다.

② 앞다리는 겹치게 잡고 폐 전엽을 가리지 않게 앞으로 당긴다.

③ 뒷다리도 겹치게 잡고 뒤로 당긴다.

④ 머리는 중립적인 자세로 위치시킨다.

- 초점 : 빔의 세로선이 마지막 갈비뼈 가장 뒤쪽 가장자리, 가로선은 몸의 중심에 위치시킨다.

- 촬영범위 : 앞쪽은 간을 포함, 뒤쪽은 엉덩관절까지 포함한다.

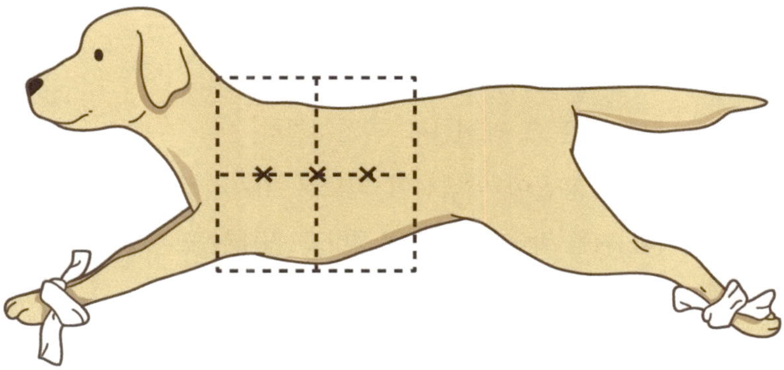

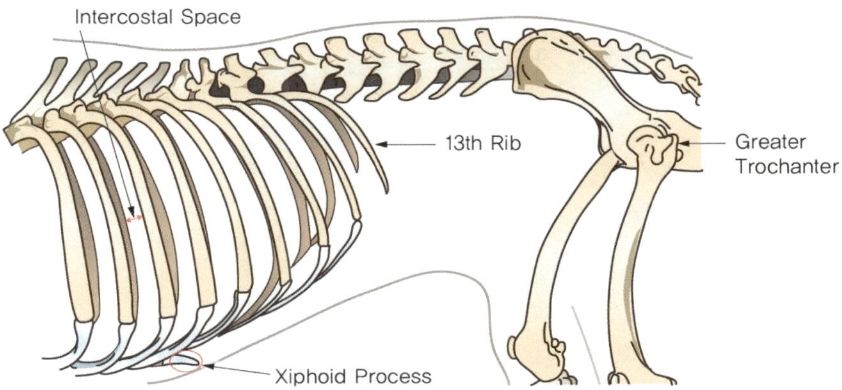

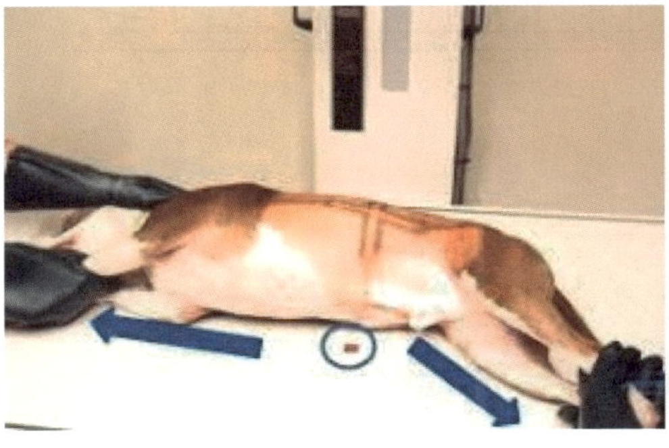

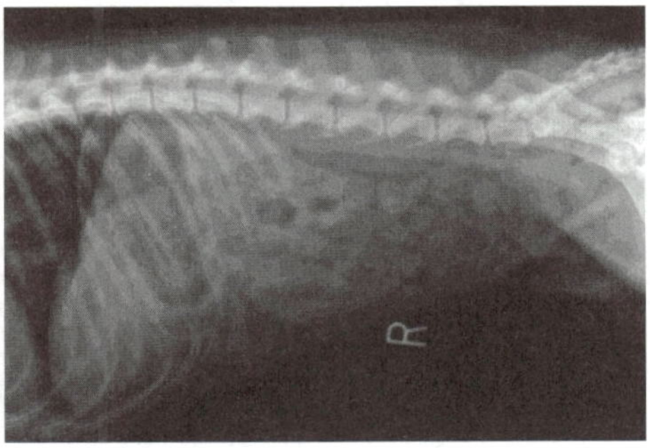

https://antechimagingservices.com/antechweb/video/Radiographic_Positioning_of_the_Dog_Abdomen/story_content/external_files/Abdominal%20Positioning%20Course%20Handout.pdf

2) 배등쪽(VD) 촬영

– 촬영 기법

① 동물 환자의 등을 테이블에 위치시킨다.

② 머리, 척추, 흉골이 일직선이 되도록 위치시킨다.

③ 앞다리와 귀를 잡아 머리를 보정하고 최대한 당기고, 뒷다리도 당긴 상태에서 촬영한다.

– 초점 : 빔의 세로선이 마지막 갈비뼈 가장 뒤쪽 가장자리, 가로선은 몸의 중심에 위치시킨다.

– 촬영범위 : 앞쪽은 간을 포함, 뒤쪽은 엉덩관절까지 포함한다.

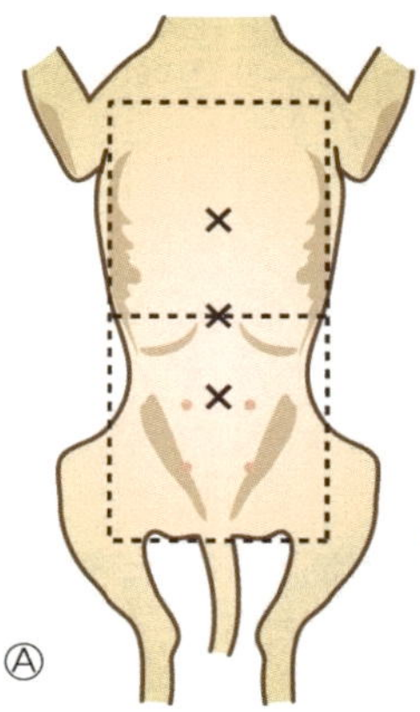

Ⓐ

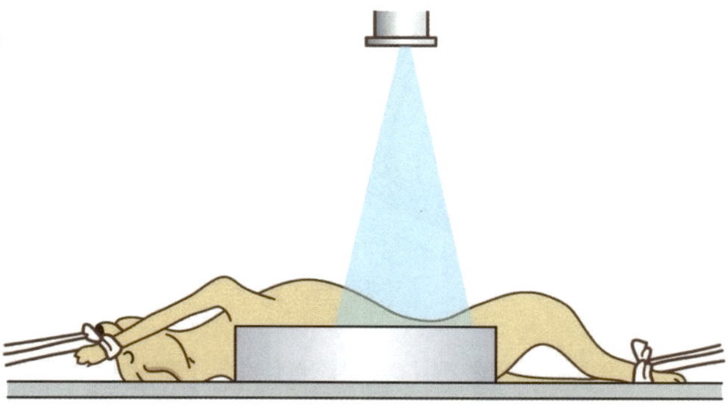

Ⓑ

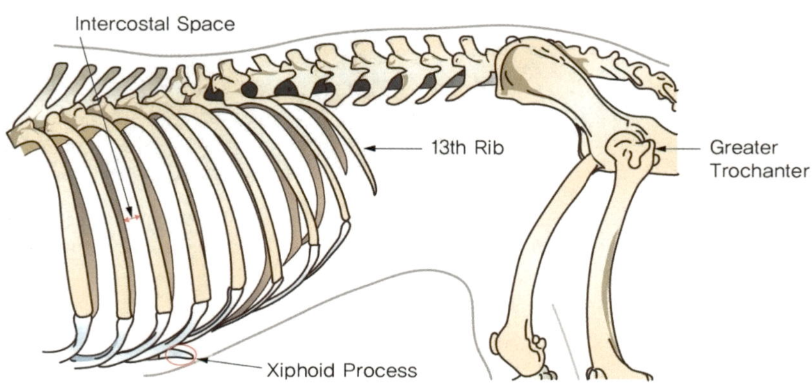

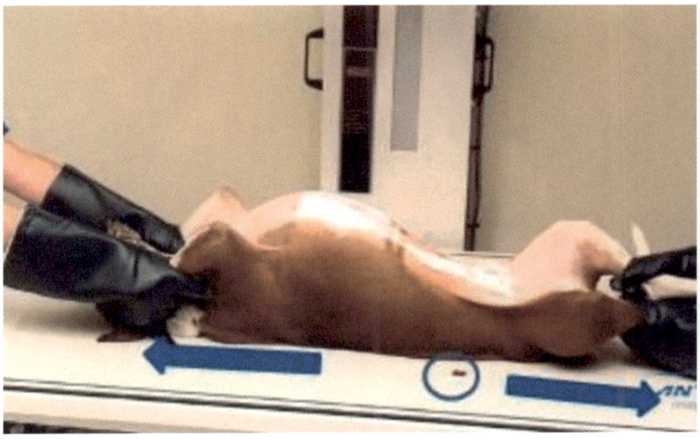

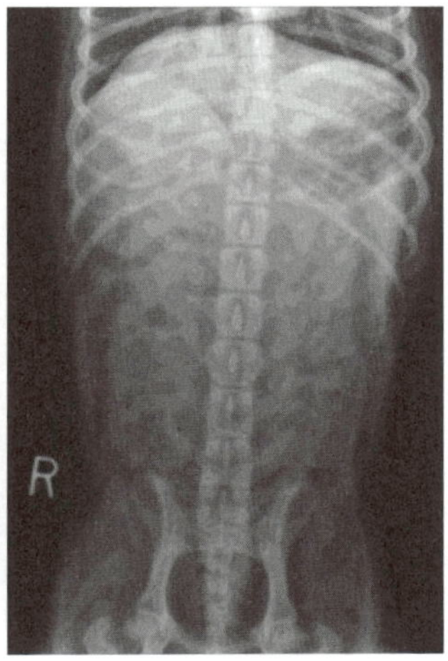

https://antechimagingservices.com/antechweb/video/Radiographic_Positioning_of_the_Dog_Abdomen/story_content/external_files/Abdominal%20Positioning%20Course%20Handout.pdf

실습 일자	월 일 ( ) 주차
실습 내용	
내용 요약	

3 신체 부위별 방사선 검사 보조 Ⅱ

실습 목적

1. 앞다리 촬영 방법을 이해하고 검사를 보조할 수 있다.
2. 뒷다리 촬영 방법을 이해하고 검사를 보조할 수 있다.
3. 골반 촬영 방법을 이해하고 검사를 보조할 수 있다.

실습 준비물

디지털 엑스레이(X-ray) 기계	동물 모형
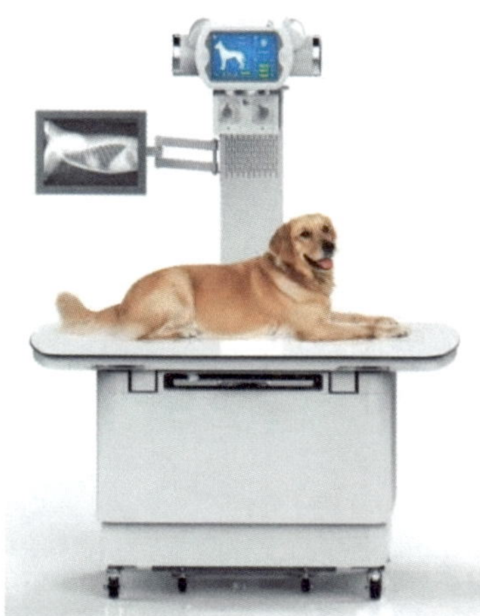	

방사선 보호장비	방사선 보호장비
	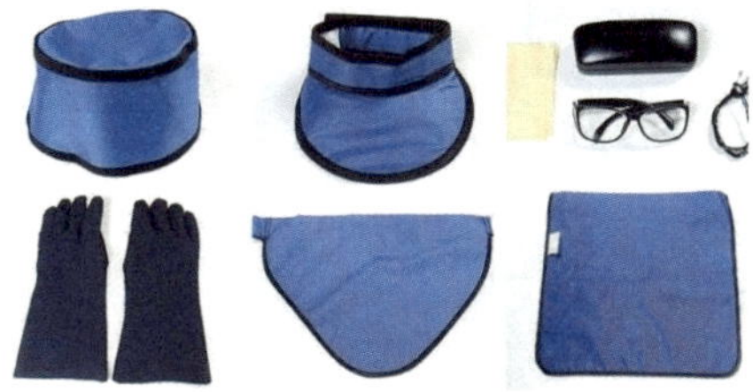

출처: 디지털 엑스레이(X-ray) 기계(https://ko.aliexpress.com/item/1005006169632685.html)
방사선 보호장비(https://m.imarket.co.kr/product/productDetailView.do?mPrdNo=1038650718)
방사선 보호장비(https://ko.loshield.com/x-ray-safety/lead-clothing/x-ray-lead-apron-protective-clothing.html)

실습 방법

1. 앞다리 어깨(Shoulder)의 외측(lateral)과 뒤앞쪽(caudal–cranial, CdCr) 촬영 자세를 학습한다.

1) 우측 외측(Right Lateral) 촬영

- 촬영 기법
  ① 동물 환자의 영향 받은 다리를 테이블 위로 위치시킨다.
  ② 동물 환자는 옆으로 누워서 유지시킨다.
  ③ 영향받은 다리를 잡아당겨 어깨를 흉골로 당긴다.
  ④ 반대쪽 앞다리는 뒷발가락 쪽으로 당긴다.
  ⑤ 머리를 등쪽으로 향한 상태에서 촬영한다.

- 초점 : 어깨 관절을 포함한다.

- 촬영범위 : 어깨 관절과 어깨뼈 아랫부분, 상완뼈 윗부분을 포함한다.

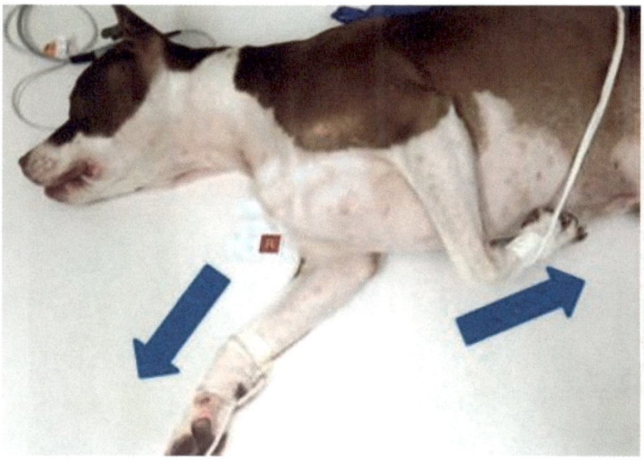
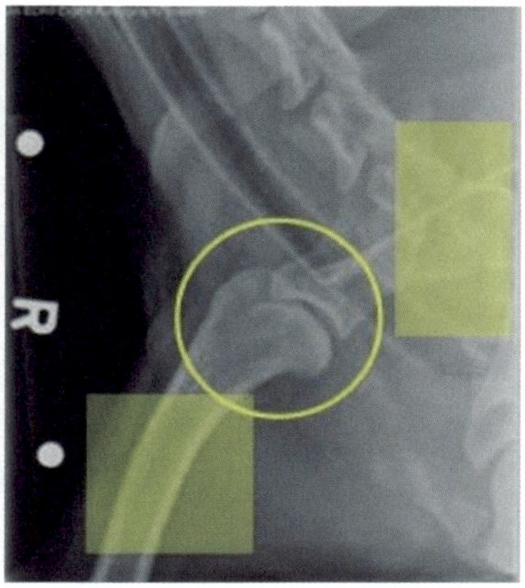

https://info.antechimagingservices.com/Videos/Radiographic_Positioning_of_the_Dog_Shoulder/story_content/external_files/Shoulder%20Positioning%20Course%20Handout.pdf

2) 뒤앞쪽(CdCr) 촬영

– 촬영 기법

① 동물 환자의 등을 테이블에 위치시킨다.

② 앞다리는 머리 쪽으로, 뒷다리는 꼬리쪽으로 당긴다.

③ 영향받은 다리는 약간 외전시킨다.

④ 어깨뼈과 상완뼈의 장축은 서로 평행시킨다.

⑤ 강한 힘으로 당기지 않는다.

– 초점 : 빔의 중앙을 어깨 관절과 상완뼈 윗부분에 위치시킨다.

– 촬영범위 : 어깨 관절과 어깨뼈 아랫부분, 상완뼈 윗부분을 포함한다.

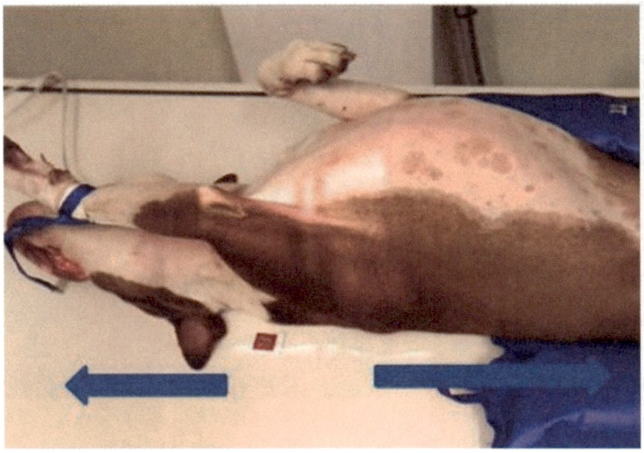
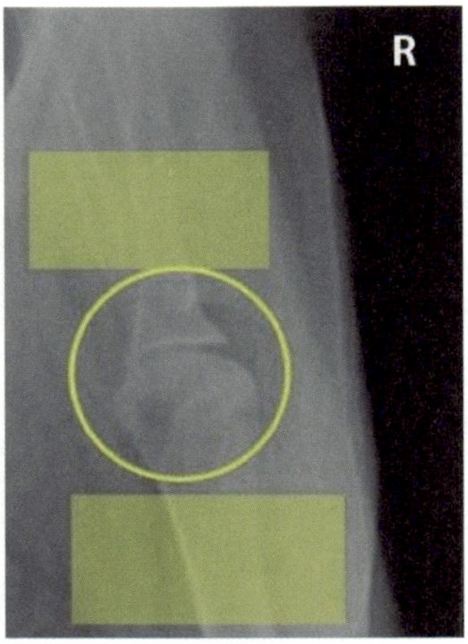

https://info.antechimagingservices.com/Videos/Radiographic_Positioning_of_the_Dog_Shoulder/story_content/external_files/Shoulder%20Positioning%20Course%20Handout.pdf

2. 뒷다리 무릎(Stifle)의 외측(lateral)과 뒤앞쪽(caudal-cranial, CdCr), 앞뒤쪽(cranial-caudal, CrCd) 촬영 자세를 학습한다.

1) 우측 외측(Right Lateral) 촬영

- 촬영 기법

① 동물 환자의 영향 받은 다리를 테이블 위로 위치시킨다.

② 동물 환자는 옆으로 누워서 유지시킨다.

③ 영향받은 다리를 약간 구부려 잡는다.

④ 반대쪽 뒷다리는 구부려서 촬영범위 밖으로 당긴다.

- 초점 : 무릎 관절을 중심으로 바로 인접한 영역을 포함한다.

- 촬영범위 : 무릎뼈와 넙다리뼈의 아랫부분과 정강뼈의 윗부분을 포함한다.

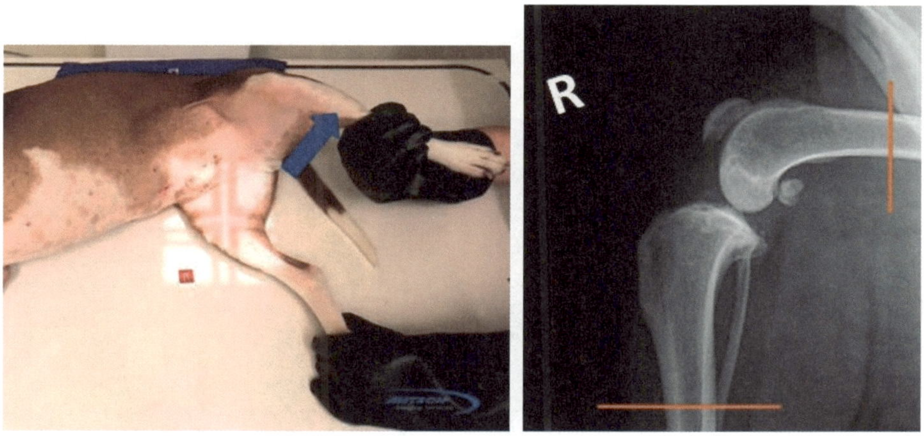

https://antechimagingservices.com/antechweb/video/Radiographic_Positioning_of_the_Dog_Stifle/story_content/external_files/Stifle%20Positioning%20Course%20Handout.pdf

2) 뒤앞쪽(Caudocranial, CdCr) 촬영

- 촬영 기법

① 동물 환자의 흉골을 테이블에 위치시킨다.

② 테이블 위에 영향받은 다리의 무릎뼈 앞쪽을 위치시킨다.

③ 빔은 머리 쪽으로 5~10도 각도로 조절한다.

④ 넙다리뼈의 장축과 정강뼈의 장축은 평행시킨다.

⑤ 골반은 영향을 받은 다리 쪽으로 약간 기운다.

- 초점 : 무릎 관절을 중심으로 바로 인접한 영역을 포함한다.

- 촬영범위 : 무릎뼈와 넙다리뼈의 아랫부분과 정강뼈의 윗부분을 포함한다.

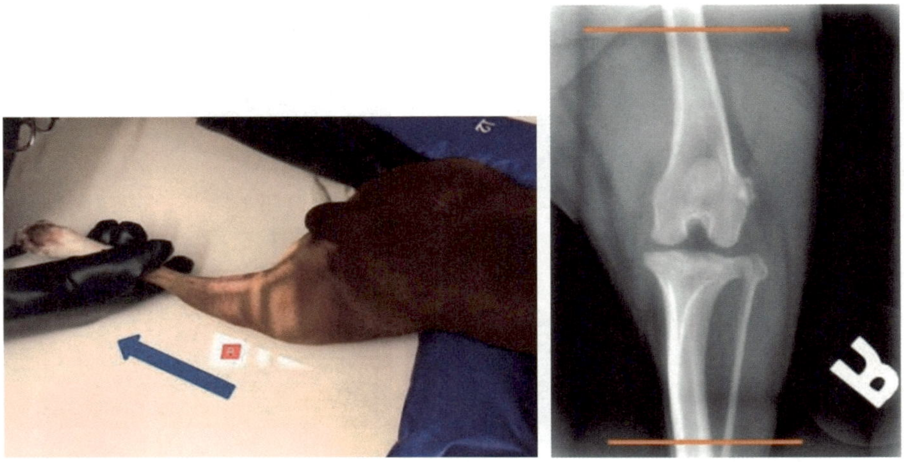

https://antechimagingservices.com/antechweb/video/Radiographic_Positioning_of_the_Dog_Stifle/story_content/external_files/Stifle%20Positioning%20Course%20Handout.pdf

3) 앞뒤쪽(CrCd) 촬영

– 촬영 기법

① 동물 환자의 등을 테이블에 위치시킨다.

② 테이블 위에 영향받은 다리의 무릎뼈 뒷쪽을 위치시킨다.

③ 영향받은 다리를 쭉 뻗어 넙다리뼈의 장축, 정강뼈의 장축과 평행시킨다.

④ 엉덩관절을 펴서 무릎뼈를 테이블에 가깝게 위치시킨다.

⑤ 넙다리뼈를 안쪽으로 약간 회전시킨다.

– 초점 : 무릎 관절을 중심으로 바로 인접한 영역을 포함한다.

– 촬영범위 : 무릎뼈와 넙다리뼈의 아랫부분과 정강뼈의 윗부분을 포함한다.

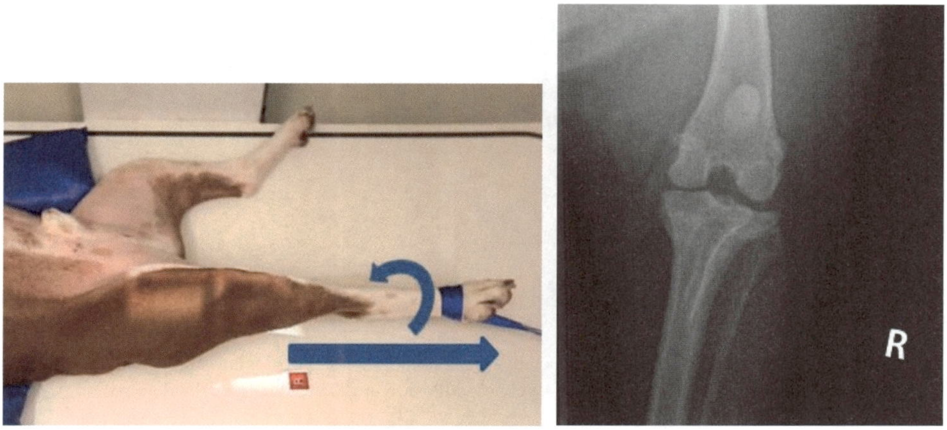

https://antechimagingservices.com/antechweb/video/Radiographic_Positioning_of_the_Dog_Stifle/story_content/external_files/Stifle%20Positioning%20Course%20Handout.pdf

3. 골반(Pelvis)의 외측(lateral)과 배등쪽(ventral-dorsal, VD) 촬영 자세를 학습한다.

1) 우측 외측(Right Lateral) 촬영

- 촬영 기법

① 동물 환자의 영향 받은 쪽을 테이블 위로 위치시킨다.

② 동물 환자는 옆으로 누워서 유지시킨다.

③ 다리는 수의사가 원하는 곳에 위치시킨다.

- 초점 : 엉덩뼈(장골) 날개, 궁둥뼈(좌골) 결절, 엉덩뼈 줄기를 포함한다.

- 촬영범위 : 엉덩뼈(장골), 궁둥뼈(좌골), 넙다리뼈 윗부분을 포함한다.

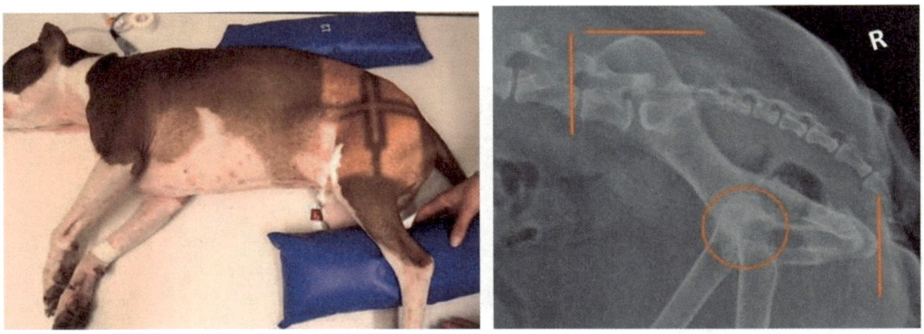

https://info.antechimagingservices.com/Videos/Radiographic_Positioning_of_the_Dog_Pelvis/story_content/external_files/Pelvic%20Positioning%20Course%20Handout.pdf

2) 배등쪽(VD) 촬영

– 촬영 기법

① 동물 환자의 등을 테이블에 위치시킨다.

② 골반, 넙다리뼈가 평행되게 뒤로 당긴다.

③ 넙다리뼈는 안쪽으로 약간 회전시킨다.

④ 앞다리는 머리쪽으로 당겨 위치시킨다.

– 초점 : 빔의 중심을 두덩뼈(치골)에 위치시킨다.

– 촬영범위 : 엉덩뼈(장골) 날개에서 무릎뼈까지 포함한다.

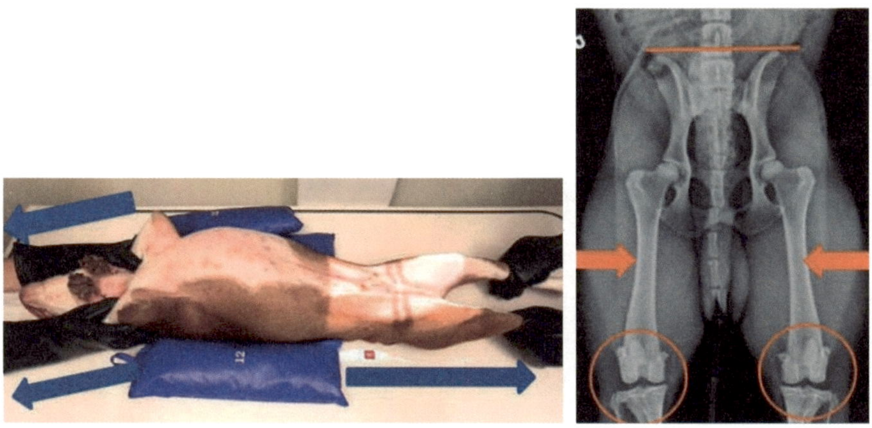

https://info.antechimagingservices.com/Videos/Radiographic_Positioning_of_the_Dog_Pelvis/story_content/external_files/Pelvic%20Positioning%20Course%20Handout.pdf

실습 일자	월 일 ( ) 주차
실습 내용	
내용 요약	

4 신체 부위별 방사선 검사 보조 Ⅲ

실습 목적

1. 머리뼈 촬영 방법을 이해하고 검사를 보조할 수 있다.
2. 척추뼈 촬영 방법을 이해하고 검사를 보조할 수 있다.

실습 준비물

디지털 엑스레이(X-ray) 기계	동물 모형

방사선 보호장비	방사선 보호장비
	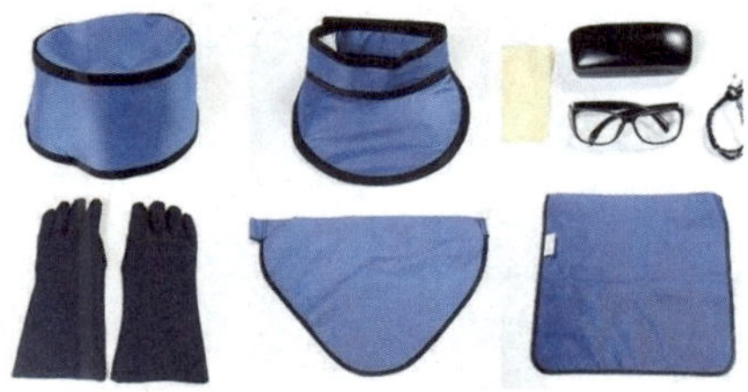

출처: 디지털 엑스레이(X-ray) 기계(https://ko.aliexpress.com/item/1005006169632685.html)
방사선 보호장비(https://m.imarket.co.kr/product/productDetailView.do?mPrdNo=1038650718)
방사선 보호장비(https://ko.loshield.com/x-ray-safety/lead-clothing/x-ray-lead-apron-protective-clothing.html)

실습 방법

1. 머리뼈(Skull)의 외측(lateral)과 배등쪽(ventral–dorsal, VD) 촬영 자세를 학습한다.

1) 우측 외측(Right Lateral) 촬영

– 촬영 기법

① 동물 환자는 옆으로 누워서 유지시킨다.

② 코와 머리뼈를 쭉 뻗은 자세로 위치시킨다.

③ 목뼈, 앞다리, 흉부를 두개골의 측면 직선 자세로 위치시킨다.

④ 흉부를 뒤쪽으로 당긴 상태에서 촬영한다.

– 초점 : 머리뼈의 중간 부분에 맞추고, 빔의 십자선은 눈 아래쪽에 위치시킨다.

– 촬영범위 : 머리뼈와 비강만 포함한다.

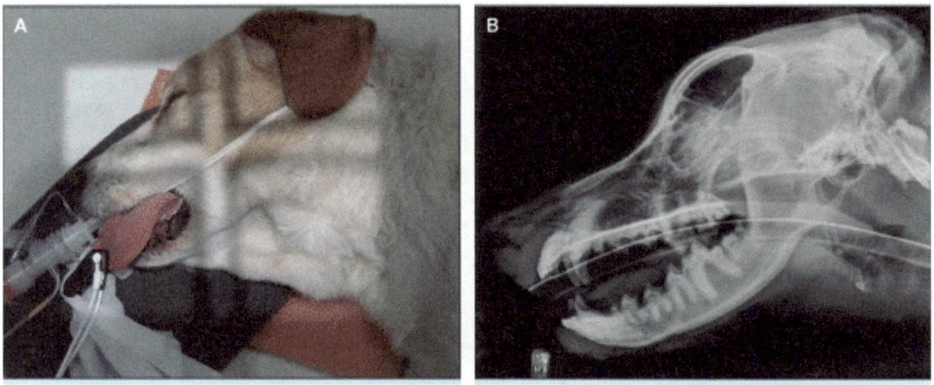

https://todaysveterinarypractice.com/radiology-imaging/imaging-essentials-radiography-of-the-small-animal-skull-temporomandibular-joints-tympanic-bullae-2/

2) 배등쪽(VD) 촬영

– 촬영 기법

① 동물 환자의 등을 테이블에 위치시킨다.

② 머리뼈를 확장시킨다.

③ 아래턱뼈와 경구개의 배쪽 면이 테이블과 평행하도록 한다.

④ V-trough를 사용하여 환자를 똑바로 유지시킨다.

– 초점 : 빔의 중심을 눈 뒤쪽에 위치시킨다.

– 촬영범위 : 머리뼈와 비강만 포함한다.

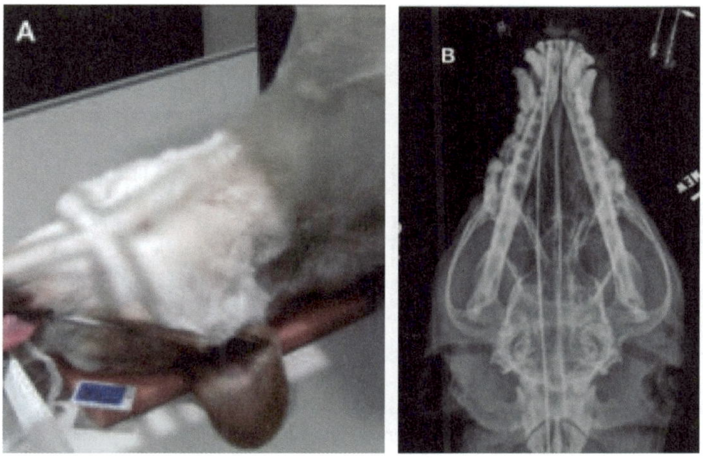

https://todaysveterinarypractice.com/radiology-imaging/imaging-essentials-radiography-of-the-small-animal-skull-temporomandibular-joints-tympanic-bullae-2/

2. 척추뼈(Spine)의 외측(lateral)과 배등쪽(ventral–dorsal, VD) 촬영 자세를 학습한다.

1) 목뼈(경추), 등뼈(흉추), 허리뼈(요추) 부위를 촬영한다.

2) 우측 외측(Right Lateral) 촬영

– 촬영 기법

① 동물 환자는 옆으로 누워서 유지시킨다.

② 목뼈, 코와 머리뼈를 쭉 벋은 자세로 위치시킨다.

③ 목뼈, 앞다리, 흉부를 머리뼈의 측면 직선 자세로 위치시킨다.

– 초점

① 목뼈 촬영시, 빔의 중심을 4번 목뼈에 위치시킨다.

② 등뼈 촬영시, 빔의 중심을 등뼈의 가장 두꺼운 부분에 위치시킨다.

③ 등허리뼈 연결부 촬영시, 빔의 중심을 등뼈 13번~허리뼈 1번에 위치시킨다.

④ 허리뼈 촬영시, 빔의 중심을 허리뼈의 가장 두꺼운 부분에 위치시킨다.

– 촬영범위

① 목뼈 촬영시, 1번~7번 목뼈까지 포함한다.

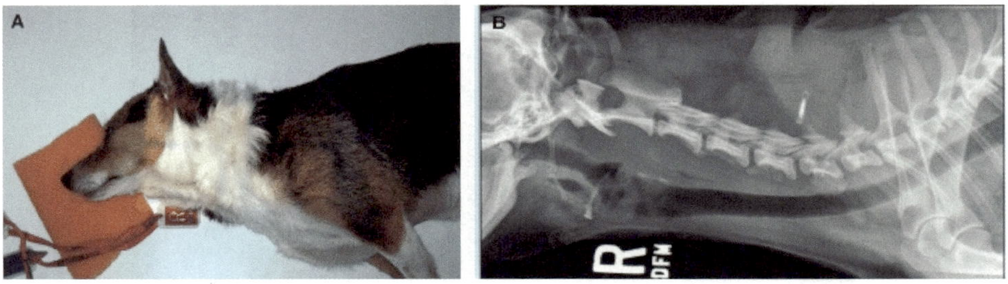

https://todaysveterinarypractice.com/radiology-imaging/imaging-essentials-small-animal-spinal-radiography-series-cervical-spine-radiography/

② 등뼈 촬영시, 1번~13번 등뼈, 가시돌기 바로 위의 등을 포함한다. 흉골과 흉강의 배쪽 1/3은 제외한다.

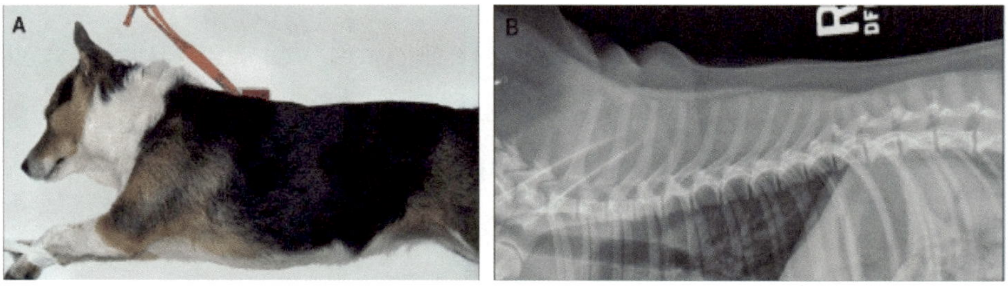

https://todaysveterinarypractice.com/radiology-imaging/imaging-essentials-small-animal-spinal-radiography-series-thoracic-spine-radiography/

③ 등허리뼈 연결부 촬영시, 등뼈 10번~허리뼈 3번을 포함한다.

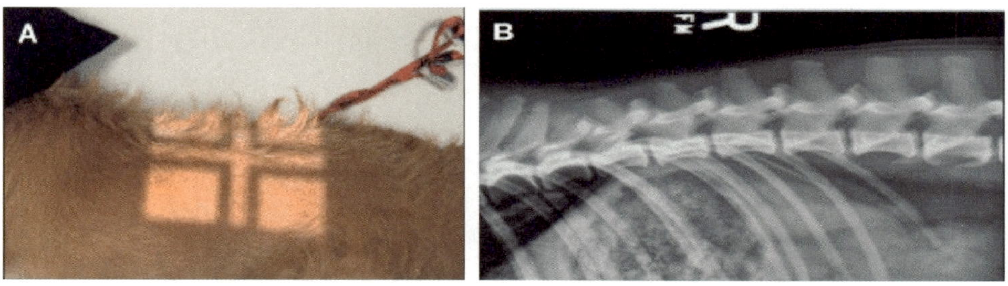

https://todaysveterinarypractice.com/radiology-imaging/imaging-essentials-small-animal-spinal-radiography-series-thoracic-spine-radiography/

④ 허리뼈 촬영시, 가시돌기 바로 위의 등을 포함한다. 복강의 복부 절반은 제외한다.

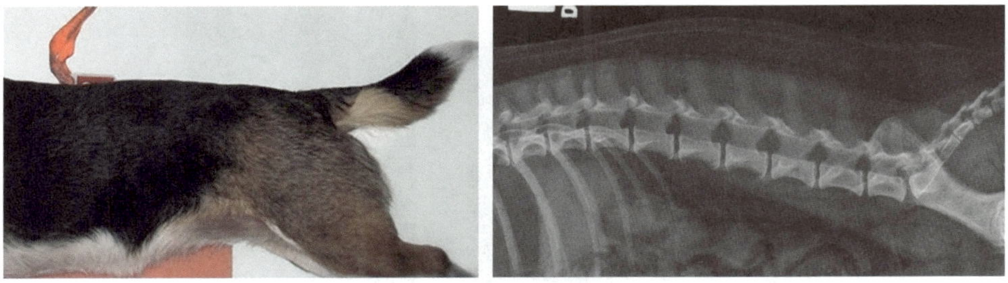

https://todaysveterinarypractice.com/radiology-imaging/imaging-essentials-small-animal-spinal-radiography-series-lumbar-spine-radiography/

3) 배등쪽(Ventrodorsal, VD) 촬영

– 촬영 기법

① 동물 환자의 등을 테이블에 위치시킨다.

② 머리, 척추, 흉골이 일직선이 되도록 위치시킨다.

③ 앞다리와 귀를 잡아 머리를 보정하고 최대한 당기고, 뒷다리도 당긴 상태에서 촬영한다.

– 초점

① 목뼈 촬영시, 빔의 중심을 4번 목뼈에 위치시킨다.

② 등뼈 촬영시, 빔의 중심을 등뼈의 가장 두꺼운 부분에 위치시킨다.

③ 흉요추 연결부 촬영시, 빔의 중심을 등뼈 13번~허리뼈 1번에 위치시킨다.

④ 허리뼈 촬영시, 빔의 중심을 허리뼈의 가장 두꺼운 부분에 위치시킨다.

– 촬영범위

① 목뼈 촬영시, 1번~7번 목뼈까지 포함한다.

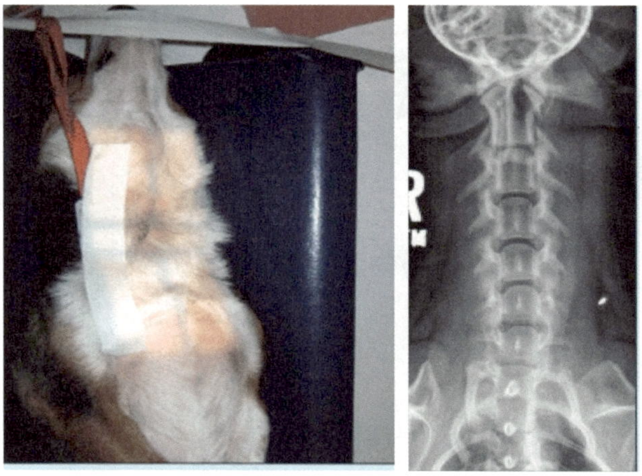

https://todaysveterinarypractice.com/radiology-imaging/imaging-essentials-small-animal-spinal-radiography-series-cervical-spine-radiography/

② 등뼈 촬영시, 1번~13번 등뼈, 갈비뼈의 머리와 근위부를 포함한다.

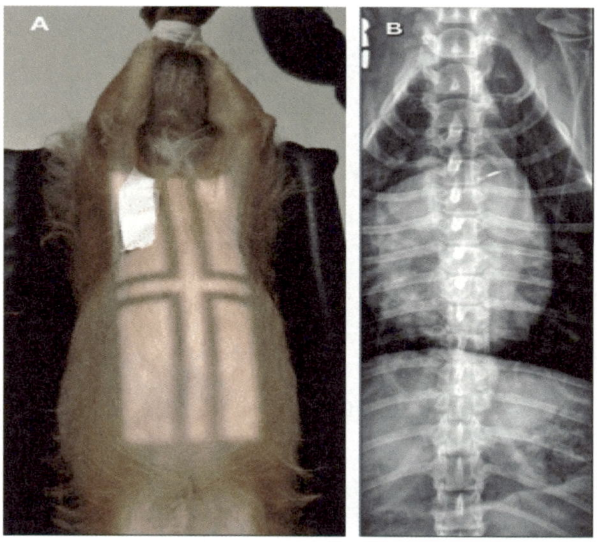

https://todaysveterinarypractice.com/radiology-imaging/imaging-essentials-small-animal-spinal-radiography-series-thoracic-spine-radiography/

③ 흉요추 연결부 촬영시, 등뼈 10번~허리뼈 3번을 포함한다.

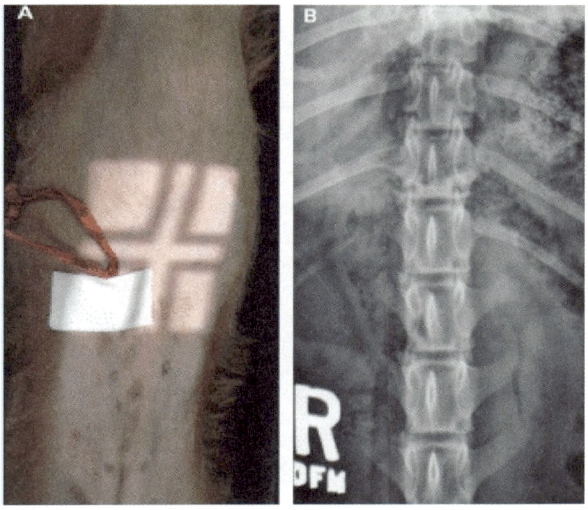

https://todaysveterinarypractice.com/radiology-imaging/imaging-essentials-small-animal-spinal-radiography-series-thoracic-spine-radiography/

④ 허리뼈 촬영시, 등뼈와 허리뼈만 포함한다.

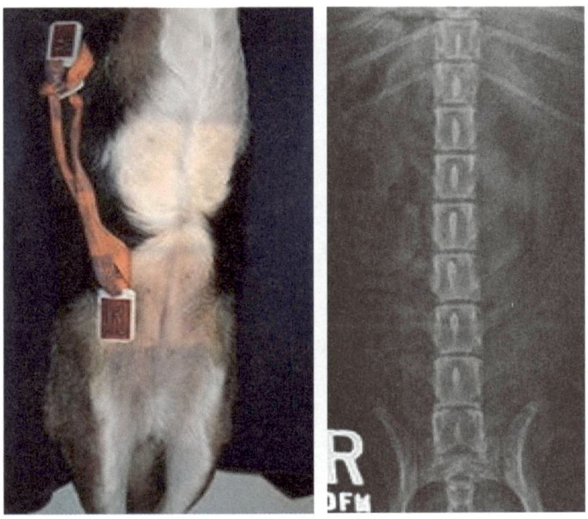

https://todaysveterinarypractice.com/radiology-imaging/imaging-essentials-small-animal-spinal-radiography-series-lumbar-spine-radiography/

실습 일자	월 일 ( )주차
실습 내용	
내용 요약	

5 조영 검사의 이해와 보조

실습 목적

1. 위장관의 조영 검사 방법을 이해하고 검사를 보조할 수 있다.
2. 방광의 조영 검사 방법을 이해하고 검사를 보조할 수 있다.
3. 검사 과정에서 주의할 점을 숙지하고 안전한 검사가 되도록 보조할 수 있다.

실습 준비물

디지털 엑스레이(X-ray) 기계	동물 모형

방사선 보호장비	방사선 보호장비
	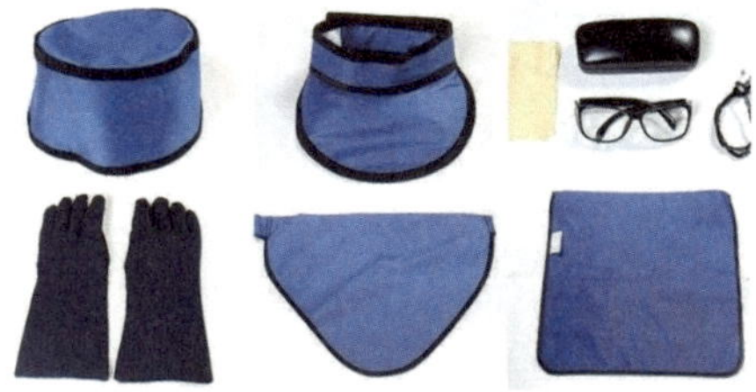
바륨 조영제	사료

뇨 카테터	윤활제
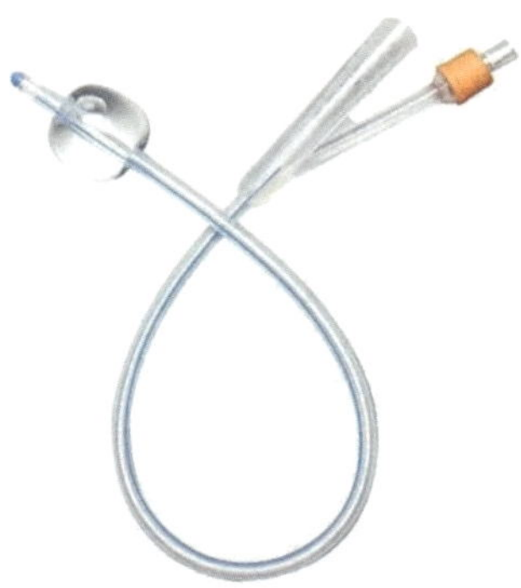	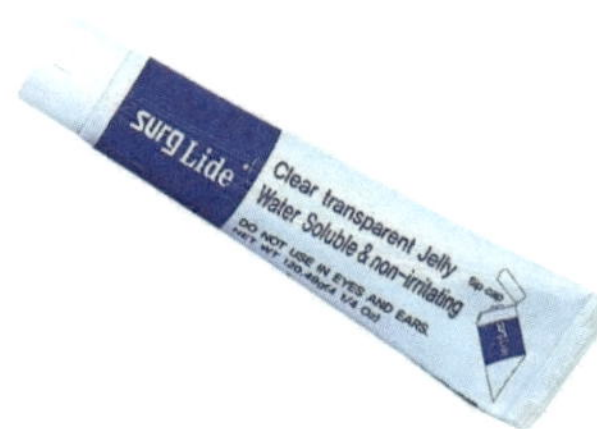

멸균 주사기	방광 조영제
	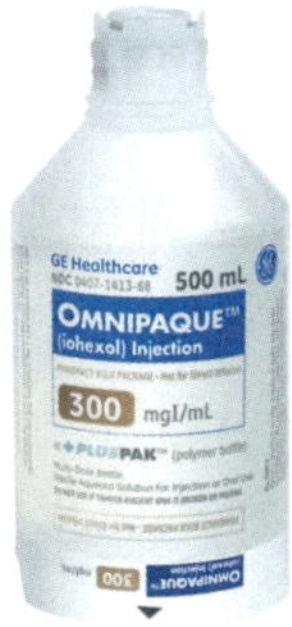

출처: 디지털 엑스레이(X-ray) 기계(https://ko.aliexpress.com/item/1005006169632685.html)
방사선 보호장비(https://m.imarket.co.kr/product/productDetailView.do?mPrdNo=1038650718)
방사선 보호장비(https://ko.loshield.com/x-ray-safety/lead-clothing/x-ray-lead-apron-protective-clothing.html)
바륨 조영제(http://www.taejoon.co.kr/m/contents/poduct/information/view.do?mprSeq=233)
사료(https://www.hillspet.com)
윤활제(https://www.11st.co.kr/products/4025174104)
방광 조영제(https://mms.mckesson.com/product/688098/GE-Healthcare-00407141368)

실습 방법

1. 위장관 조영 촬영을 학습한다.

1) 황산바륨 조영제를 사료와 1:1로 섞어 준비한다.
2) 동물 환자를 외측상 자세로 눕힌다.
3) 준비한 조영제를 먹이면서 시간 간격을 두고 연속적으로 방사선을 촬영한다.
4) 조영제의 위장관 주행상태를 확인한다.

2. 방광 조영 촬영을 학습한다.

1) Omnipaque 조영제(150~400 mg/mL)를 동물 환자의 체중 당 3.5~13 mL를 준비한다.
2) 동물 환자를 외측상 자세로 눕힌다.
3) 요도 카테터를 삽입한 후 빈 주사기를 연결하여 방광 내 소변을 제거한다.
4) 요도 카테터를 통해 준비한 조영제를 투입한다.
5) 조영제가 찬 방광을 평가하기 위해 하복부 방사선 촬영(외측, 배등쪽, 좌측 oblique view, 우측 oblique view)을 실시한다.

실습 일자	월 일 ( ) 주차
실습 내용	
내용 요약	

6 초음파, CT, MRI 검사의 이해와 보조

실습 목적

1. 초음파 검사를 위한 준비과정과 주의할 점을 이해할 수 있다.
2. CT 검사를 위한 준비과정과 주의할 점을 이해할 수 있다.
3. MRI 검사를 위한 준비과정과 주의할 점을 이해할 수 있다.

실습 준비물

동물 모형	초음파 기기
	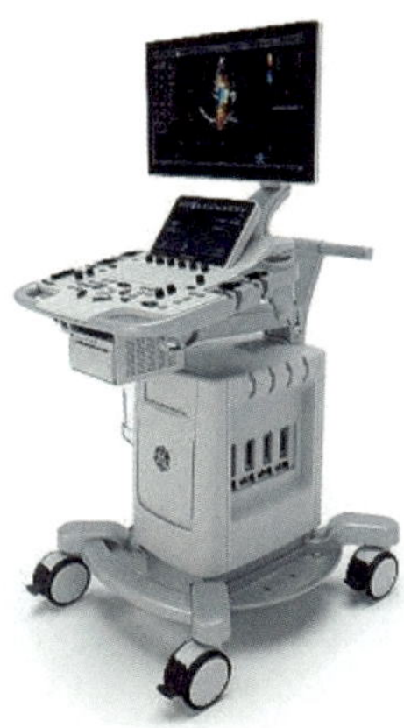

초음파젤	클리퍼
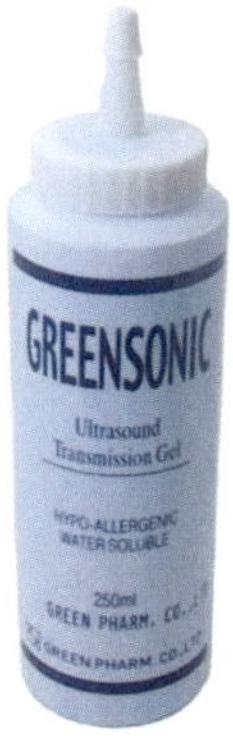	
컴퓨터단층촬영장치(CT)	**자기공명영상촬영장치(MRI)**
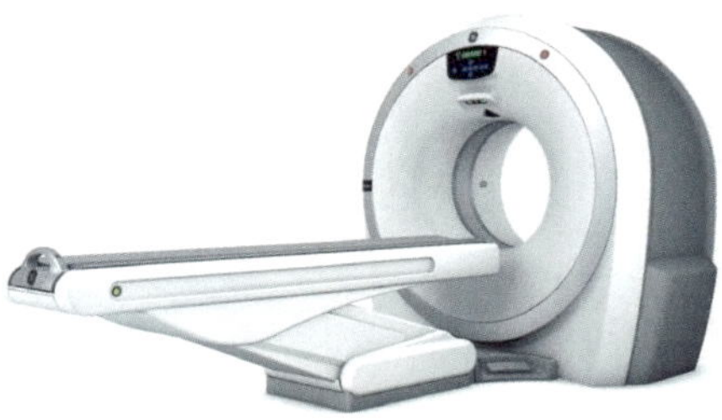	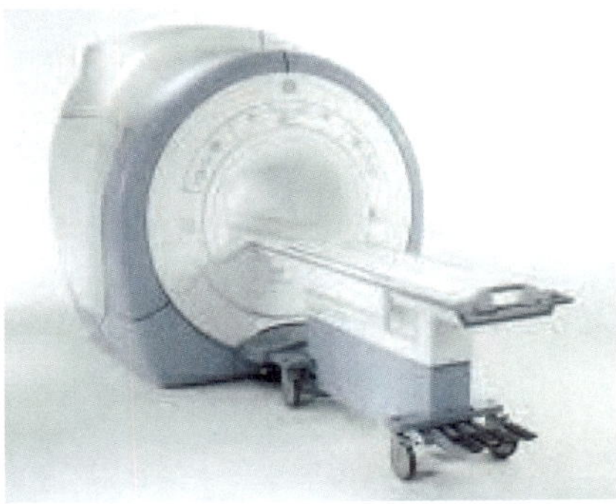

출처: 초음파 기기(https://gehealthcare-ultrasound.com/en/vivid-family/vivid-t8/)
초음파젤(https://www.anymedi.co.kr/m/product.html?branduid=8866)
클리퍼(https://dogpre.com/product/5436)
컴퓨터단층촬영장치(CT)(https://www.gehealthcare.com/en-sg/products/computed-tomography/revolution-family/revolution-act)
자기공명영상촬영장치(MRI)(https://www.gehealthcare.com/courses/signa-hdxt-15t)

실습 방법

1. 복부 초음파의 검사 과정을 학습한다.

1) 초음파 장비의 준비

(1) 동물 환자의 정보를 입력한다.

(2) 탐촉자/주파수를 선택한다.

(3) 검사할 부위를 초음파 장비에서 선택한다.

(4) 검사 부위에 맞게 Depth, Focus, Gain, TGC 등을 조절한다.

- Depth : 소형견 복부 검사시 4~5cm로 조정한다.
- Focus : 검사하는 장기의 해상도를 높이기 위해 조정한다.
- Gain : 영상의 밝기를 조절한다.
- TGC(time-gain compensation) : 검사 장기의 깊이에 따른 투과도 보정을 위해 설정한다.

(5) 검사 완료 후 장비를 깨끗이 닦고 정리한다.

2) 동물 환자의 준비

(1) 동물 환자의 검사할 부위의 털을 깎는다.

(2) 검사할 부위에 초음파 젤을 바른다.

(3) 동물 환자가 편안한 자세로 누워서 검사를 받도록 보정한다.

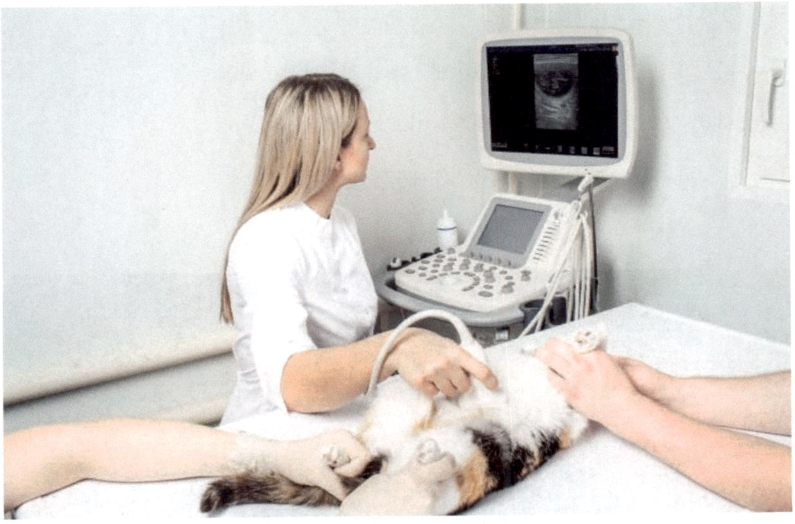

https://www.newhopeanimalhospital.org/site/blog/2023/04/15/pet-ultrasound

2. 심장 초음파의 검사 과정을 학습한다.

1) 초음파 장비의 준비

(1) 동물 환자의 정보를 입력한다.

(2) 탐촉자/주파수를 선택한다.

(3) 검사할 부위를 초음파 장비에서 선택한다.

(4) 검사 부위에 맞게 Depth, Focus, Gain, TGC 등을 조절한다.

- Depth : 검사 부위의 관찰 크기를 결정한다.
- Focus : 검사하는 장기의 해상도를 높이기 위해 조정한다.
- Gain : 영상의 밝기를 조절한다.
- TGC(time-gain compensation) : 검사 장기의 깊이에 따른 투과도 보정을 위해 설정한다.

(5) 검사 완료 후 장비를 깨끗이 닦고 정리한다.

2) 동물 환자의 준비

(1) 동물 환자의 3~6번째 갈비뼈 사이의 털을 깎는다.

(2) 검사할 부위에 초음파 젤을 바른다.

(3) 동물 환자를 옆으로 누운 자세로 보정한다.

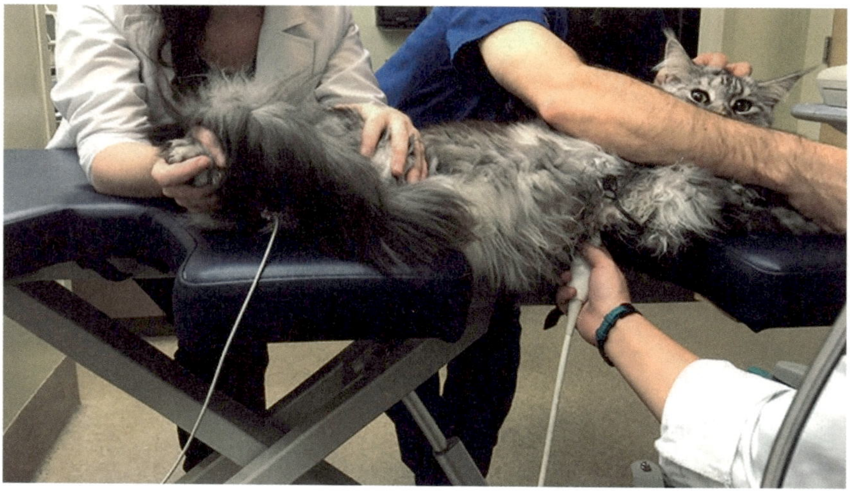

https://www.cliniciansbrief.com/article/echocardiography-general-practice-4-views-master

3. 눈 초음파의 검사 과정을 학습한다.

1) 초음파 장비의 준비

(1) 동물 환자의 정보를 입력한다.

(2) 탐촉자/주파수를 선택한다.

(3) 검사할 부위를 초음파 장비에서 선택한다.

(4) 검사 부위에 맞게 Depth, Focus, Gain, TGC 등을 조절한다.

- Depth : 검사 부위의 관찰 크기를 결정한다.
- Focus : 검사하는 장기의 해상도를 높이기 위해 조정한다.
- Gain : 영상의 밝기를 조절한다.

- TGC(time-gain compensation) : 검사 장기의 깊이에 따른 투과도 보정을 위해 설정한다.

(5) 검사 완료 후 장비를 깨끗이 닦고 정리한다.

2) 동물 환자의 준비

(1) 한 손으로 동물 환자의 앞다리를 모아서 잡는다.

(2) 다른 손으로 동물 환자의 머리와 몸통을 잡아 보정자의 몸에 밀착시켜 동물 환자의 움직임을 제어한다.

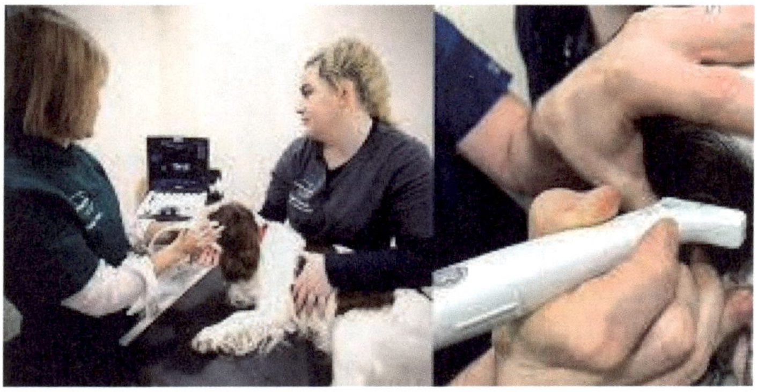

https://www.vettimes.co.uk/article/ocular-ultrasonography-part-1/

4. CT 검사 과정을 학습한다.

1) 동물 환자는 전신마취가 필요하다.
2) CT 전원을 켜고 촬영 상태로 준비한다.
3) 마취기와 조영제 자동 주입기를 확인한다.
4) CT 기계 테이블에 동물 환자를 검사에 맞는 자세로 잡는다
5) 영상에 방해되는 동물 환자의 몸 주변 케이블을 정리한다.
6) 담요 등으로 검사 동안 동물 환자의 체온이 떨어지지 않도록 한다.
7) CT 촬영을 실시한다.

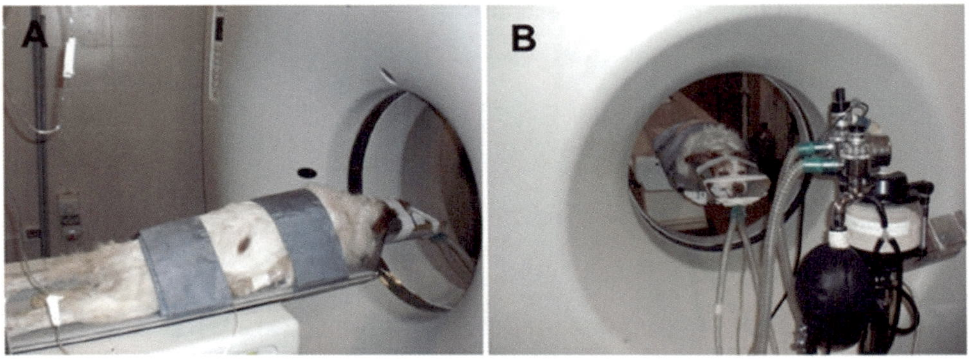

European Journal of Radiology Open 10(4):100467

5. MRI 검사 과정을 학습한다.

1) 동물 환자는 전신마취가 필요하다.
2) 촬영 부위에 동물 환자의 마이크로칩이 있는지 확인한다.
3) MRI 기계 테이블에 동물 환자를 검사에 맞는 자세로 잡는다.
4) MRI 촬영을 실시한다.
5) 동물보건사는 의료용 가위, 포셉 등의 금속 물질, 휴대전화 등의 전자제품, 신용카드 등을 가지고 검사실에 들어가지 않도록 주의한다.

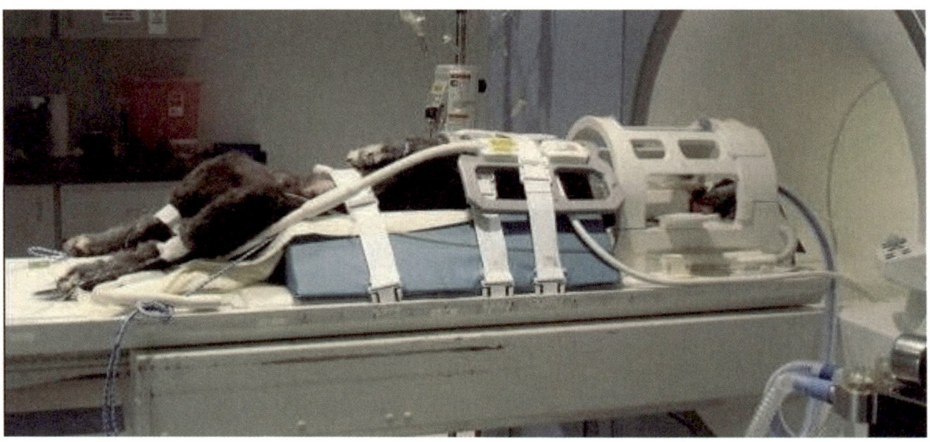

https://animalscan.com/blog/veterinary-mri-safety-heating-patient-burn-prevention/

실습 일자	월 일 ( ) 주차
실습 내용	
내용 요약	

Chapter 07

동물병원실무 및 실습

학습 목표

- 최근 동물병원에서는 질병을 진단하고 치료하기 위한 첨단의료기기를 도입하고 진료분야를 세분화 및 전문화하며 수준높은 동물의료 서비스를 제공하는 추세임을 인식하도록 한다.
- 동물 진료서비스 전문인력의 필요성이 커짐에 따라 동물병원에서 보다 실무적이고 실질적인 의료활동을 위한 실습지침을 학습한다.

학습 내용

1. 동물 다루기와 보정
2. 임상파라미터 측정
3. 수액 요법
4. 수술실 실무
5. 진단영상 실무
6. 진단검사 기술 실무

1 동물 다루기와 보정

실습 목적

1. 동물 다루기와 보정법을 숙지하는 것은 동물과 사람 모두의 안전과 복지를 위해 필수적임을 이해한다.
2. 동물은 안정적이고 스트레스를 덜 받을 수 있고 동물환자는 매우 민감할 수 있으며 두려움을 쉽게 느낄 수 있기 때문에 가능한 최소의 보정을 하는 방법을 학습하도록 한다.

실습 준비물

개인보호장구	입마개

출처: 개인보호장구(https://animal-care.com.au/product/aces-talon-gloves/)

실습 방법

1. 개와 고양이 특성과 동물의 품종에 따르는 보정법의 원리를 학습한다.

2. 개의 입마개 착용법과 테이프 머즐법을 숙지한다.

3. 소형견, 대형견 및 고양이를 들어 올리는 법을 실습한다.

4. 일반적인 검사를 위해 개와 고양이를 강하게 제어하는 법을 실습한다.

5. 개와 고양이에게 알약 및 액상의 약물투여를 위한 보정법을 숙지한다.

6. 개에게 근육주사 및 정맥주사를 위해 해부학적 특성을 고려하여 보정법을 학습한다.

7. 고양이에게 근육주사 및 정맥주사를 위한 보정법을 숙지한다.

실습 일자	월 일 ( ) 주차
실습 내용	
내용 요약	

2. 임상파라미터 측정

실습 목적

1. 동물환자의 진단은 철저한 임상검사를 기반으로 이루어질 수 있다.
2. 임상파라미터로 알려진 신체기능의 기본지표를 측정하고 동물종의 정상수치와 비교한다.
3. 수의사가 질병의 진행을 판단하여 정상상태로 되돌리기 위한 필수적인 방법으로 다양한 파라미터 측정법을 학습한다.

실습 준비물

체온계	혈압계
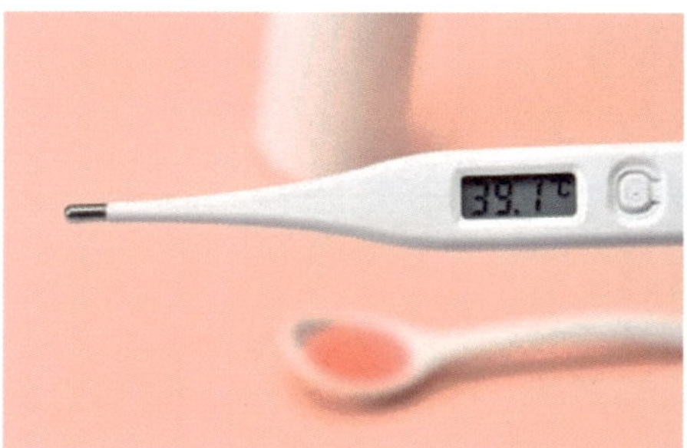	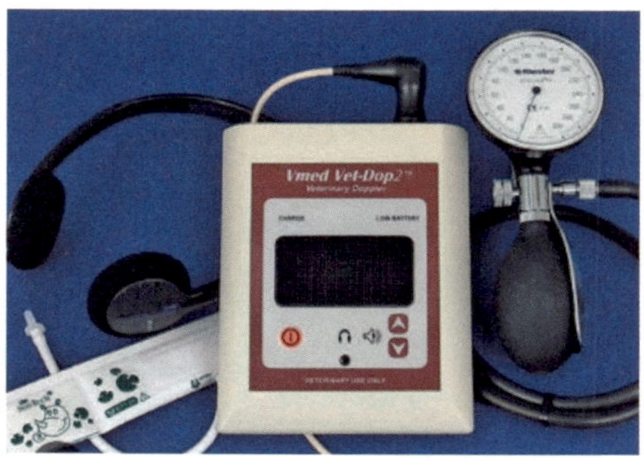

청진기	심전도기
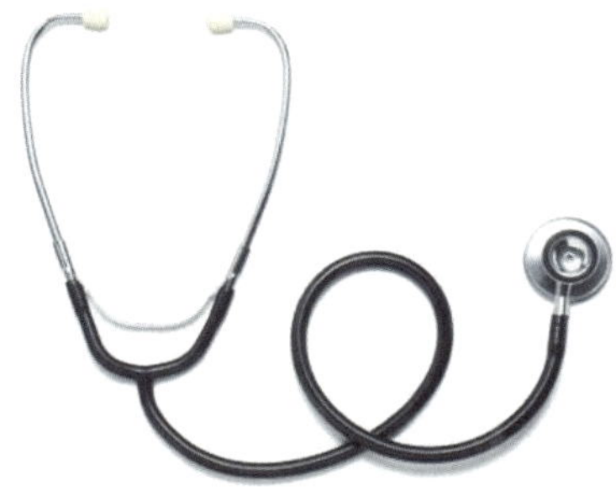	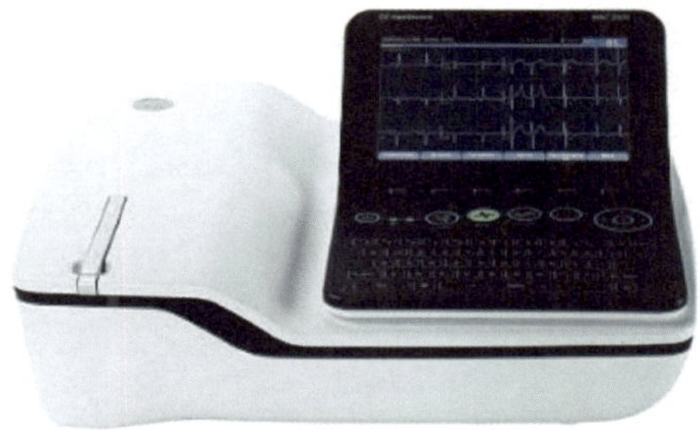

출처: 혈압계(https://www.vetquip.com.au/catalogue/vet-doppler-with-cuffs-2/)
심전도기(http://www.bosa.co.kr/news/articleView.html?idxno=583825)

실습 방법

1. 체온계를 이용하여 환자의 체온을 측정한다.

2. 대퇴동맥 또는 흉부를 촉진하는 법을 습득하고 맥박수를 측정한다.

3. 직접관찰 또는 청진기를 사용하여 호흡수를 측정한다.

4. 잇몸을 관찰하여 모세혈관 재충만 시간을 평가한다.

5. 심전도기가 정상적으로 작동하는지 확인하고 사용법을 숙지한다.

6. 비침습적 기법을 통한 동맥혈압을 측정하는 방법을 실습한다.

7. 정확한 임상파라미터 측정을 위해 환자를 안정시키는 방법을 숙지한다.

8. 비정상적인 수치가 측정될 경우 대처법을 학습한다.

실습 일자	월 일 ( ) 주차
실습 내용	
내용 요약	

3. 수액 요법

실습 목적

1. 체액은 몸의 신진대사에 필수적이며 화학성분의 농도에 따라 체액의 이동을 조절이 이루어진다.
2. 여러 질병 상태와 수술로 인해 체액의 균형이 무너질 경우 적절한 처치를 하지 않으면 동물은 심하게 탈수되거나 쇼크에 빠져 죽을 수 있다.
3. 수액 치료에 사용되는 수액의 종류는 다양하며 수의사의 지시에 따라 이를 적절하게 사용하기 위한 기술을 습득하는 것을 목표로 한다.

실습 준비물

수액세트

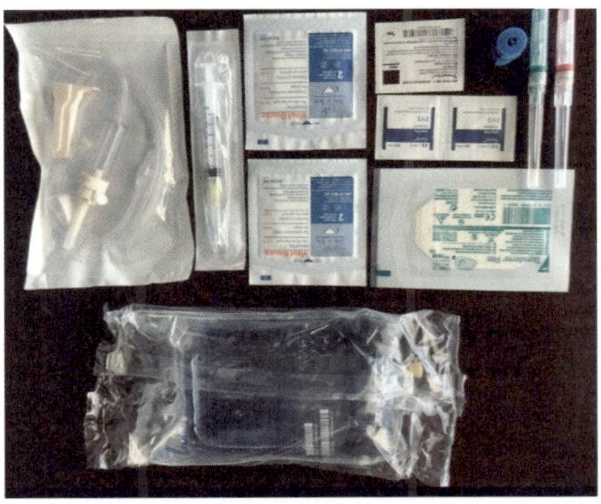

출처: 수액세트(https://www.sedationkit.com/product/iv-infusion-kit/)

실습 방법

1. 다양한 목적에 부합하는 수액의 종류를 파악하고 수액을 구분하는 법을 숙지한다.
   1) 피하수액 요법의 기술을 배운다.
   2) 복강 내 수액요법 기술을 배운다.

2. 정맥주사를 위해 필요한 재료목록을 점검하고 기술을 배운다.

3. 다양한 정맥 주사 부위를 확인하는 법을 배운다.

4. 수액 투여 중 환자를 모니터링을 기술을 숙지한다.

5. 정맥 수액투여 장치를 제거하는 기술을 숙지한다.

6. 수혈을 위한 채혈세트를 확인하고 사용법을 숙지한다.

7. 수액투여 중 사고가 발생하지 않도록 철저하게 모니터링 하도록 하는 기술을 학습한다.

실습 일자	월 일 ( ) 주차
실습 내용	
내용 요약	

4 수술실 실무

실습 목적

1. 수술실은 질병으로 이미 약해진 환자가 수술을 받는 곳이기 때문에 무균 기술을 유지하는 것이 필수이다.
2. 수술 기구 및 수술 부위 준비 및 스크럽 관리 등을 명확하게 하여야 하고 개인위생 기술을 학습한다.
3. 수술실 내 감염은 수술 성공률을 감소시키기 때문에 동물보건사는 수술실의 효율적인 운영과 관련된 모든 사항을 정리하는 일을 책임지므로 그 지침을 준수하는 지식을 습득한다.

실습 준비물

고압멸균기	수술모자
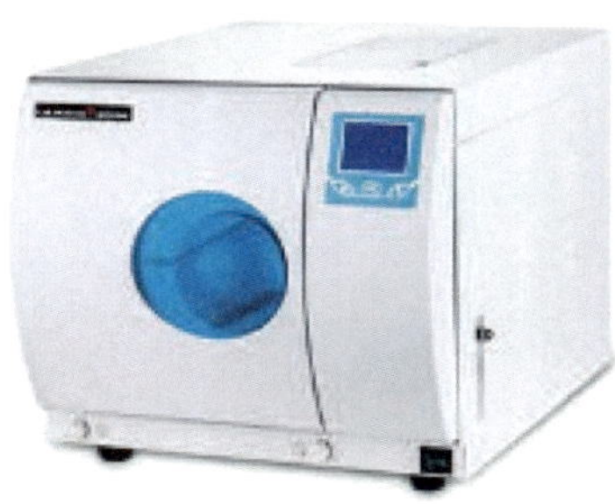	

<table>
<tr><th>수술가운</th><th>세척브러시</th></tr>
<tr><td rowspan="3">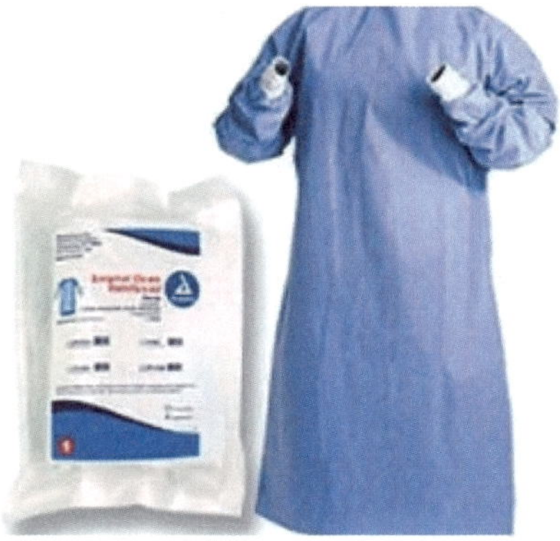</td><td>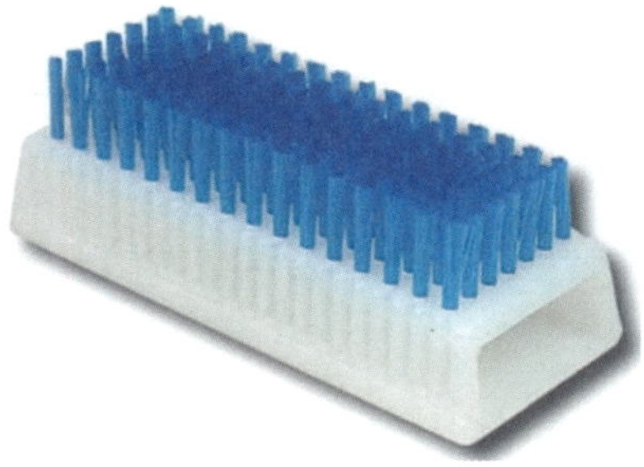</td></tr>
<tr><td>클리퍼</td></tr>
<tr><td></td></tr>
</table>

출처: 고압멸균기(https://apexx-equipment.com/product-category/new-vet-equipment/sterilizers-new-vet-equipment)
수술모자(https://www.amazon.com/McKesson-Surgical-Cap-Disposable-R/dp/B0B49R1KMW)
수술가운(https://dealmed.com/products/surgical-gowns?page=1)
세척브러시(https://www.11st.co.kr/products/5514296583)
클리퍼(https://fallcent.com/product/?product_id=6673734851&item_id=15363847982)

실습 방법

1. 고압증기 멸균기의 기능과 작동원리를 숙지하고 효과적인 멸균이 이루어지도록 실습한다.

2. 수술기구, 수술가운, 수술포의 멸균을 위한 포장법을 숙지하고 멸균을 수행한다.

3. 수술실의 유지관리를 위한 청소 및 수술도구 정리를 실시한다.

4. 수술 스크럽 절차를 익히고 브러시와 세정제를 사용하여 손세정을 실시한다.

5. 수술복 관리 및 수술복 착용방법을 숙지하고 착용하며 수의사의 착용을 보조한다.

6. 수술 부위를 준비하기 위한 제모법을 학습한다.

7. 수술 후 수술실 정리와 수술도구 및 장비의 세척방법을 실습한다.

8. 수술도구의 세척 및 수술실 정리를 통해 다음 수술에 차질이 없도록 준비하는 기술을 숙지한다.

실습 일자	월 일 ( ) 주차
실습 내용	
내용 요약	

5 진단영상 실무

실습 목적

1. 영상진단을 위한 방사선 촬영 등의 사진 결과물은 수의사의 진단에 있어서 매우 중요하기 때문에 촬영결과의 수준을 높이기 위한 방법을 학습한다.
2. 높은 수준의 촬영을 위해 동물보건사는 각 단계의 절차와 방법을 잘 숙지하고 이들의 과정이 최종 결과물에 얼마나 영향을 주는지 명확히 이해한다.

실습 준비물

방사선촬영기
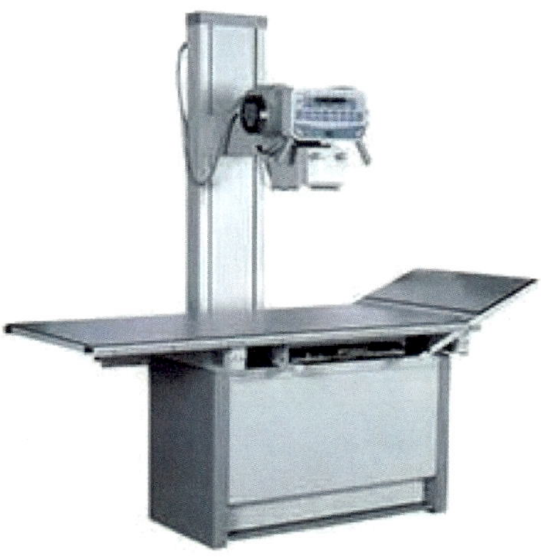

방사선 보호복	방사선 보호장갑
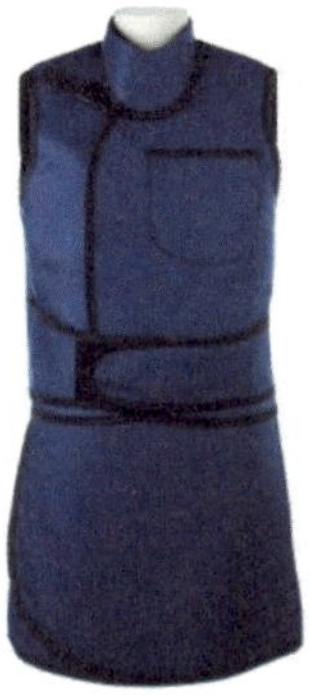	

출처: 방사선촬영기(https://www.plhmedical.co.uk/veterinary-x-ray/x-ray-equipment/)
방사선 보호복(https://surgicalone.com/item/barrier-technologies-x-ray-protective-aprons/)
방사선 보호장갑(https://eickemeyercanada.ca/product/x-ray-protection-lead-5-finger-gloves/)

실습 방법

1. 방사선 촬영기의 작동원리 및 각 장비의 사용법을 이해하고 숙지하도록 한다.
2. 촬영 준비를 위해 촬영실 관리법을 숙지하고 동물 보정을 위한 재료 및 작업자의 보호장비가 준비되어 있는지 확인한다.
3. 부위별 촬영 보정법을 학습한다.
    1) 환자동물의 흉부를 촬영하기 위한 보정법을 수행한다.
    2) 환자동물의 복부를 촬영하기 위한 보정법을 수행한다.
    3) 환자동물의 사지를 촬영하기 위한 보정법을 수행한다.
    4) 환자동물의 척추를 촬영하기 위한 보정법을 수행한다.
4. 방사선 장비의 부품을 관리하고 유지하는 법을 숙지한다.
5. 촬영 시 작업자의 안전을 보호하기 위한 방법을 학습한다.

실습 일자	월　　일 (　　　) 주차
실습 내용	
내용 요약	

6. 진단검사 기술 실무

실습 목적

1. 실험실 검사는 수의사가 진단을 내리기 위한 중요한 정보를 제공하거나 진단 결과를 확인하기 위해 사용된다.
2. 동물병원 내에서 자체적으로 운영하는 수의 임상실험실 또는 외부에 임상병리 검사 연구소에서 실시하는 검사들을 학습한다.
3. 수의사의 진단을 위한 정확한 결과를 낼 수 있도록 올바른 진단검사 기술을 훈련받는다.

실습 준비물

원심분리기	헤마토크리트 원심분리기
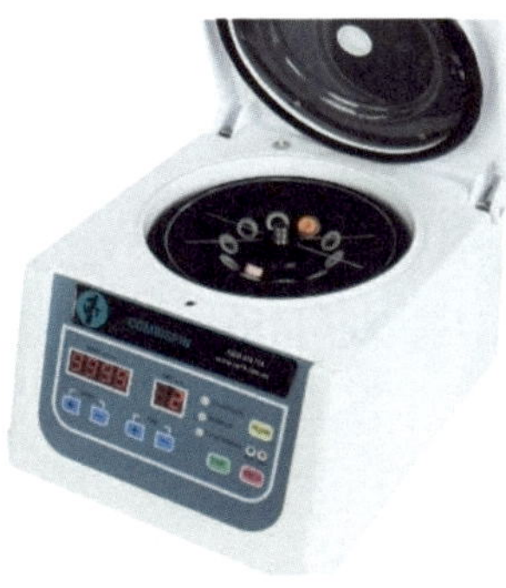	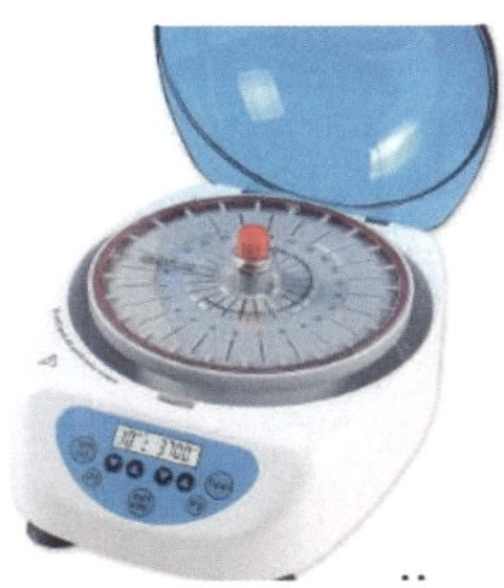

현미경	마이크로 파이펫
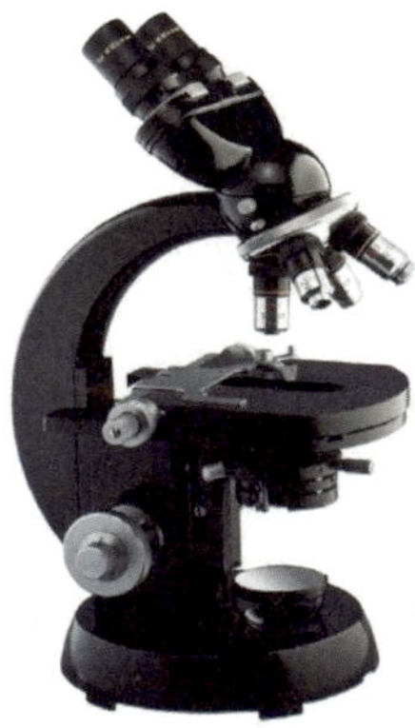	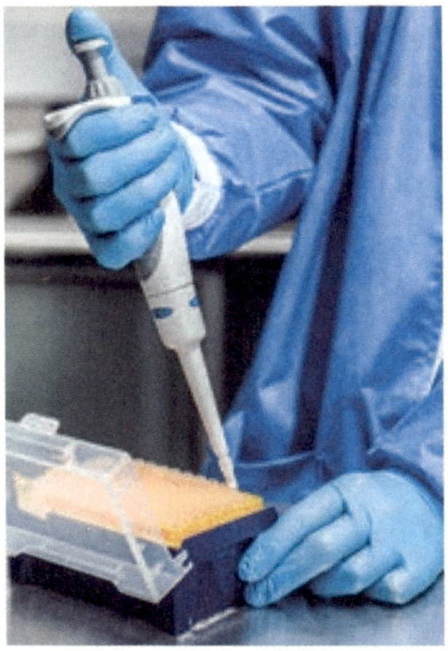

출처: 원심분리기(https://vet1.com.au/centrifuges/)
헤마토크리트 원심분리기(https://www.kahuvet.co.nz/webstore/product/?code=CEXXXX)

실습 방법

1. 실험실 저울의 영점을 조정하고 검사품목을 측정한다.

2. 원심분리기를 이용하여 마이크로 헤마토크리트 또는 채혈튜브의 혈액을 원심분리한다.

3. 현미경의 구조를 파악하고 현미경 관찰 방법을 숙지한다.

4. 마이크로 파이펫의 작동원리를 파악하고 액체시료를 채취하여 용기에 주입하는 방법을 습득한다.

5. 항온수조를 관리하는 방법을 익히고 관리법 및 사용법을 숙지한다.

6. 분변검사를 위해 분변샘플을 처리하고 현미경으로 기생충란 검사법을 학습한다.

7. 혈액검사를 위해 김자염색 시약을 이용하여 혈액샘플을 염색한다.

8. 정확한 검사를 위한 검체의 처리방법과 보관방법을 학습한다.

실습 일자	월 일 ( ) 주차
실습 내용	
내용 요약	

Chapter 08

의약품관리학 및 실습

학습 목표

- 동물 의약품의 대사 및 부작용에 대하여 이해할 수 있다.
- 약물의 투여 경로를 이해하고 수행할 수 있다.
- 동물병원 약물 관리의 중요성과 약품 관리 방법을 이해할 수 있다.

학습 내용

1. 처방전 이해하기
2. 약물 조제 보조하기
3. 약물 관리하기
4. 약물 투약 보조
5. 약물 유형별 투약 이해하기
6. 보호자 응대

1. 처방전 이해하기

실습 목적

1. 처방전의 내용을 이해할 수 있다.
2. 처방전의 지시대로 약물 조제 방법을 이해할 수 있다.

실습 준비물

동물병원 전자차트(샘플)

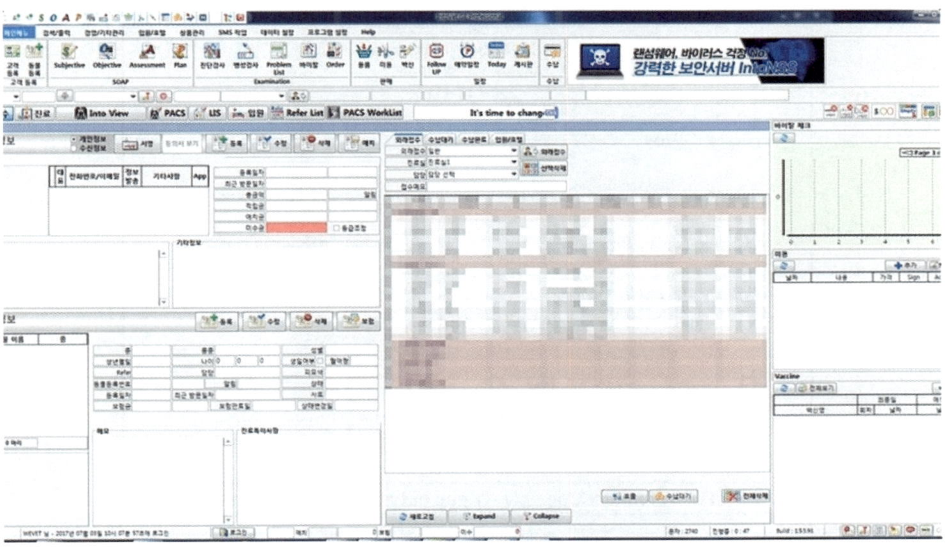

출처: 동물병원 전자차트(샘플)(https://www.intocns.com/en/products/sw/into_vetge.php)

실습 방법

1. 처방전의 항목을 이해하고 작성해본다.
   1) 발급일, 동물 환자 이름, 보호자 인적사항 등
   2) 처방약물 성분명, 투여용량, 투여일수, 투여시간, 투여용법 등

4/6/2019 10:00 AM Patient is bright, alert and responsive

Temp - 102° F, HR - 120 bpm, RR - panting

Gave 100 mg Amoxicillin tablet PO, flushed IV catheter with 1 ml

of heparinized saline, continue IV lactated ringers fluids at 15

gtt/min and continue to monitor vital signs L Johnson, DVM

그림 8.1 환자에게 약물 투여 후 의약학용어를 사용하여 의료 표기법에 따라 의료기록 (patient's medical record)을 작성한다(가능한 한 영문으로 작성해야 한다).

Pet Care Veterinary Hospital
1234 South Lane
Anytown, USA 12345
222-444-1115

Date: 4/6/2019

Patient: Nikko Species: Canine

Owner: Louis John Phone: 444-1525

Address: 19 North Lane
Anytown, USA 12345

℞ Baytril tablets 22.7mg #14 Refills: 0
Give 1 tab PO SID (once daily) until gone
L Johnson, DVM

For Veterinary Use only – Keep out of reach of Children

그림 8.2 처방전 예(영문)

4/6/2019 Rx per Dr Johnson

Baytril tablets 22.7mg 1 tab PO SID x 14 days

L Johnson, DVM

그림 8.3 처방전(prescriptions)은 환자의 의료기록(patient's medical record)에 입력되어야 한다.
applied pharmacology for veterinary technicians, 6th edition.

2. 처방전에 사용되는 의약 용어와 약어를 학습한다.

3. 다양한 처방전을 예시로 만들어, 약물 처방전 이해를 학습한다.

실습 일자	월 일 ( ) 주차
실습 내용	
내용 요약	

2 약물 조제 보조하기

실습 목적

1. 동물병원에서 약물 조제의 보조 역할을 이해할 수 있다.
2. 조제를 보조하는 기술을 익힐 수 있다.

실습 준비물

약절구(유봉 · 유발)	약주걱, 약포장
	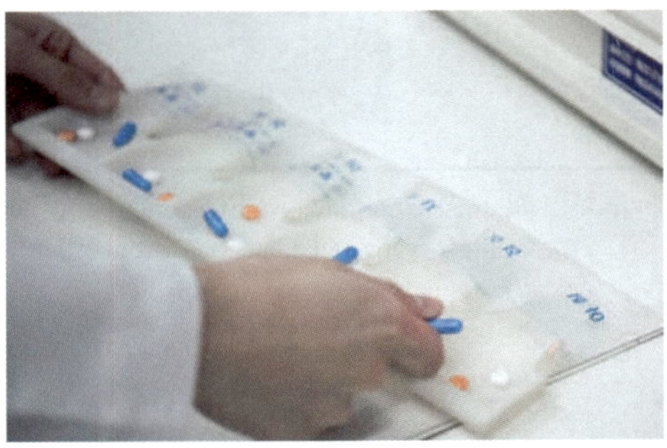

약스푼	약봉투
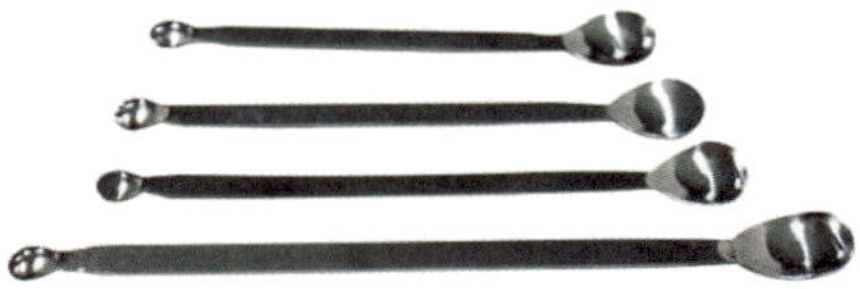	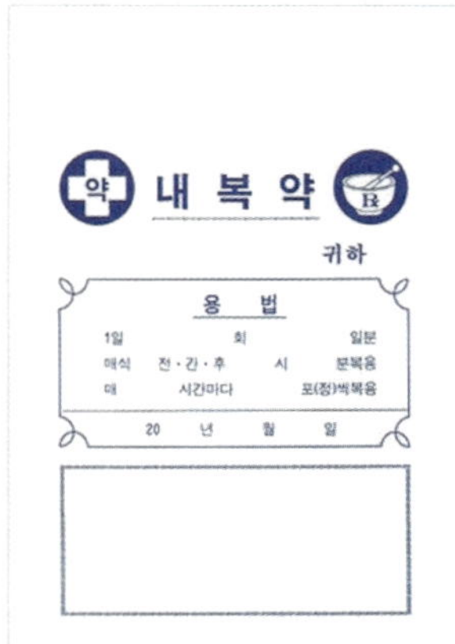

약포장기

출처: 약스푼(https://zzangmed.co.kr/product/stent-seupeun/5447/)
약봉투(https://yangjimedical.co.kr/product/)

실습 방법

1. 처방전을 이해하고 약물의 종류를 익힌다.

2. 처방전에 사용되는 의약 용어와 약어를 학습한다.
   1) 조제도구 파악
   2) 가루약 만들기 보조

3. 다양한 처방전을 예시로 만들어, 약물 조제 보조를 연습한다.
   1) 수의사 – 약을 분쇄하고, 가루약을 약주걱에 1회 투여량씩 분주함
   2) 동물보건사 – 약포장지에 일정하게 분배하고, 약포장기로 밀봉한 후 약봉투에 넣음

실습 일자	월 일 ( ) 주차
실습 내용	
내용 요약	

3. 약물 관리하기

실습 목적

1. 동물병원의 약물 종류에 따른 보관과 관리 방법을 이해할 수 있다.
2. 약물의 재고관리, 취급, 폐기 및 마약류관리보조 업무를 이해할 수 있다.

실습 준비물

약국관리 점검부	응급 키트 체크리스트
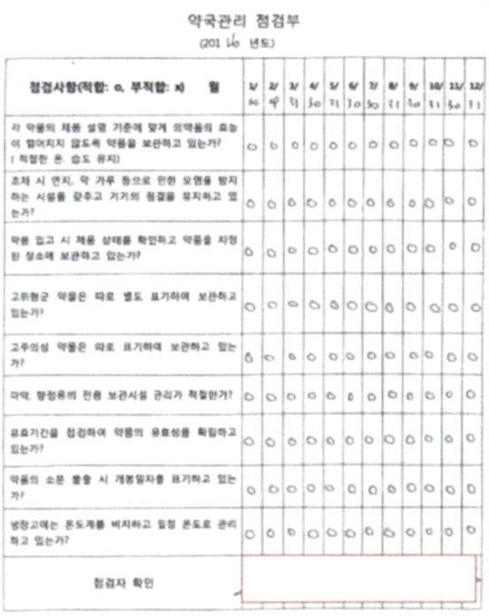	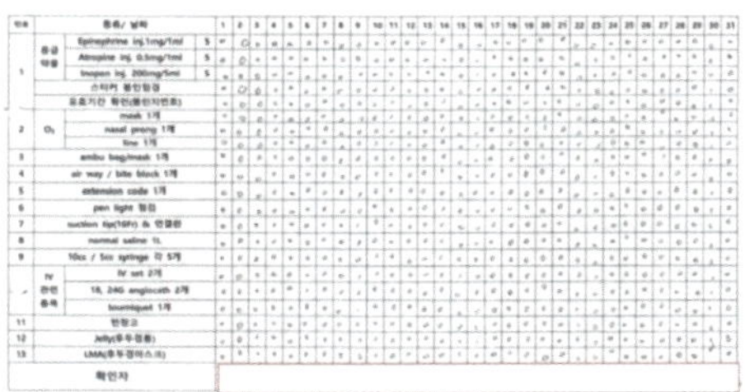

약국관리 점검부
(201 16 년도)

점검사항(적합: o, 부적합: x) 월	1/	2/	3/	4/	5/	6/	7/	8/	9/	10/	11/	12/
각 약물의 제품 설명 기준에 맞게 의약품의 효능이 떨어지지 않도록 약품을 보관하고 있는가? (적절한 온, 습도 유지)	O	O	O	O	O	O	O	O	O	O	O	O
조제 시 먼지, 약 가루 등으로 인한 오염을 방지하는 시설을 갖추고 기기의 청결을 유지하고 있는가?	O	O	O	O	O	O	O	O	O	O	O	O
약품 입고 시 제품 상태를 확인하고 약품을 지정된 장소에 보관하고 있는가?	O	O	O	O	O	O	O	O	O	O	O	O
고위험군 약물은 따로 별도 표기하여 보관하고 있는가?	O	O	O	O	O	O	O	O	O	O	O	O
고주의성 약물은 따로 표기하여 보관하고 있는가?	O	O	O	O	O	O	O	O	O	O	O	O
마약, 향정류의 전용 보관시설 관리가 적절한가?	O	O	O	O	O	O	O	O	O	O	O	O
유효기간을 점검하여 약품의 유효성을 확립하고 있는가?	O	O	O	O	O	O	O	O	O	O	O	O
약품의 소분 불출 시 개봉일자를 표기하고 있는가?	O	O	O	O	O	O	O	O	O	O	O	O
냉장고에는 온도계를 비치하고 일정 온도로 관리하고 있는가?	O	O	O	O	O	O	O	O	O	O	O	O
점검자 확인												

마약류관리대장	마약류통합관리시스템
 마약류 취급의료업자 또는 마약류 관리자의 마약 관리대장	
의료폐기함	**의료용 마스크, 안경, 장갑**
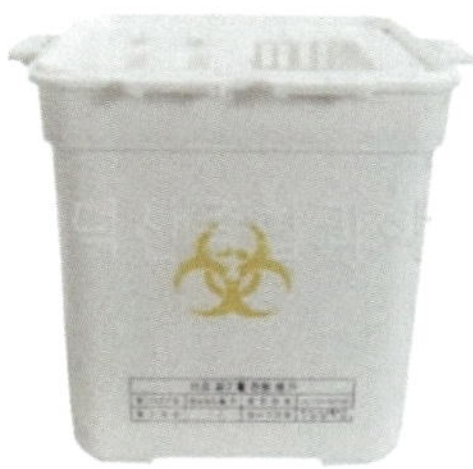	

출처: 약국관리 점검부(www.hmikorea.co.kr)
응급 키트 체크리스트(www.hmikorea.co.kr)
마약류관리대장(https://m.yesform.com/doc/form/415317)
마약류통합관리시스템(https://www.nims.or.kr/)
의료폐기함(https://dslab.co.kr/?act=shop.goods_view&GS=15985)
의료용 마스크, 안경, 장갑(https://kr.123rf.com/photo_145798184)

실습 방법

1. 약물 관리 방법에 대해 학습한다.
   1) 제품의 표시사항을 자세히 확인한다.
   2) 제품의 보관방법 · 유효기간 등을 확인한다.

2. 약물 관리 대장의 내용을 이해하고, 점검 방법을 학습한다.

   1) 약물구입 대장

   2) 약물유효기간 대장

   3) 약물반출 대장

   4) 약물 상시 점검부

3. 약물을 다룰 때 보호장비 착용법을 학습한다.

4. 동물병원의 약물 분류 방법에 대해 학습한다.

5. 마약류관리 방법에 대해 이해하고, 마약류관리보조를 학습한다.

   1) 마약류 잠금장치

   2) 마약류 관리대장(입고, 출고, 사용 기록, 유효기간 등)

   3) 마약류 저장시설 점검부 작성(주 1회 작성, 2년간 보관)

   4) 마약류통합관리시스템 보고

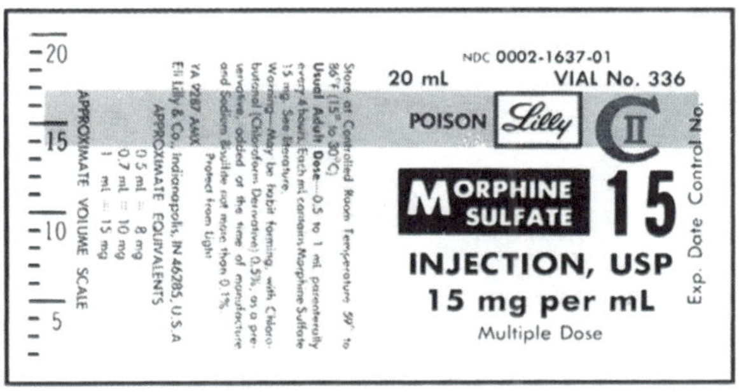

그림 8.4 지정관리의약품의 C-II 표시

(From Mulholland, J. [2011]. *The nurse, the math, the meds*, Elsevier.)

Record of controlled substances administered/dispensed

Name of controlled substance: Ketamine Form: Injection Strength: 100 mg/ml Size: 10ml

Date	Patient/Animal name and address	Species of Animal	Initials of Person Administering/ Dispensing	Previous Balance	Amount Administered/ Dispensed (or purchased)	New Balance
1/10/13	Tim Smith / Toby	K-9	BD	10.0ml	1ml	9ml
1/15/13	Bill Potts / Prissy	Feline	LW	9ml	0.5ml	8.5ml
2/3/13	Chris Pettes / Gilbert	K-9	KM	8.5ml	2ml	6.5ml
2/8/13	Elaine Curtis / TJ	Feline	BD	6.5ml	0.4ml	6.1ml

그림 8.5 지정관리의약품 사용기록지(controlled substance log)의 예.

applied pharmacology for veterinary technicians, 6th edition.

6. 약물 폐기 방법을 숙지하고, 약물별 폐기 방법을 학습한다.

1) 알약 – 한곳에 모아 배출

2) 액상 – 한병에 모아 뚜껑을 잠금

3) 연고, 안약 – 용기 그대로 폐기

7. 일반 폐기물과 의료 폐기물을 구별하여 폐기하는 방법을 학습한다.

상자형 용기/봉투형 용기(골판지류, 합성수지류)

구분	용기 사진	해당 의료폐기물
합성수지류 상자 용기	 	격리의료폐기물, 조직물류폐기물(치아 제외), 손상성폐기물, 액체상태 폐기물
봉투형 용기 또는 골판지류 상자 용기	 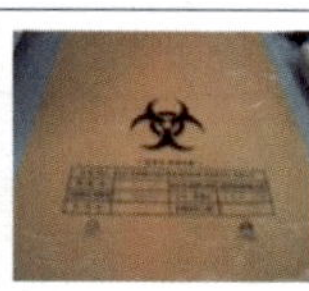	그 밖의 의료폐기물

1) 일반 폐기물 – 혈액 등이 묻지 않은 포장지, 수액병, 바이알병, 거즈, 솜, 붕대, 주사기 등

실습 일자	월 일 ( ) 주차
실습 내용	
내용 요약	

4 약물 투약 보조

실습 목적

1. 수의사의 주사 투여 및 수액 처치를 보조할 수 있다.
2. 주사제, 수액 종류, 수액 세트 등의 사용 방법을 이해할 수 있다.
3. 주사 투여, 수액 처치와 관련된 처방전을 이해할 수 있다.

실습 준비물

멸균 주사기	멸균 생리식염수
	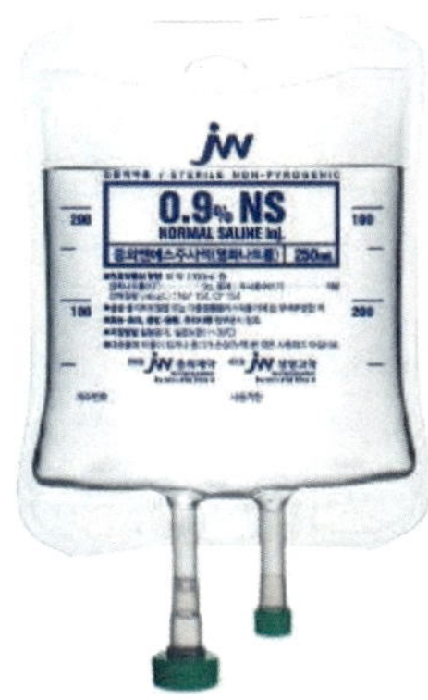

수액세트	정맥 카테터
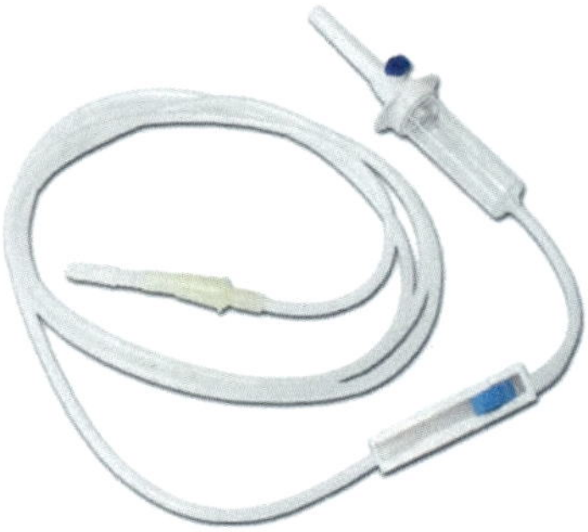	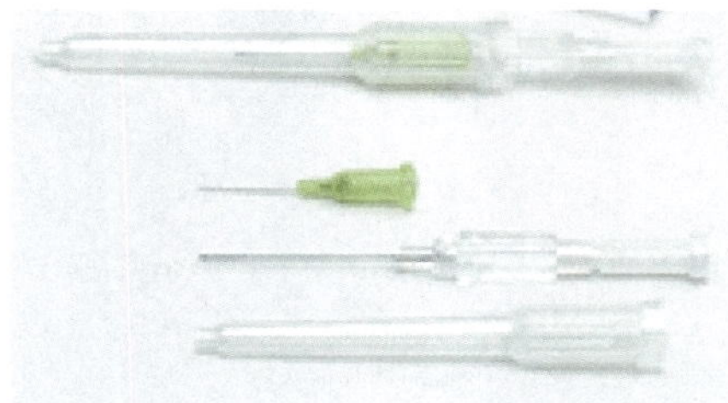
헤파린 캡	의료용 테이프

앰플과 바이알	알약 투약기
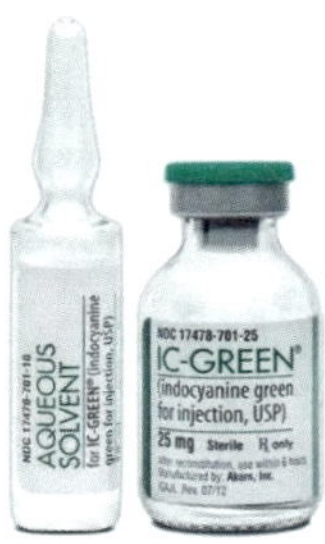	

네뷸라이저	알코올솜
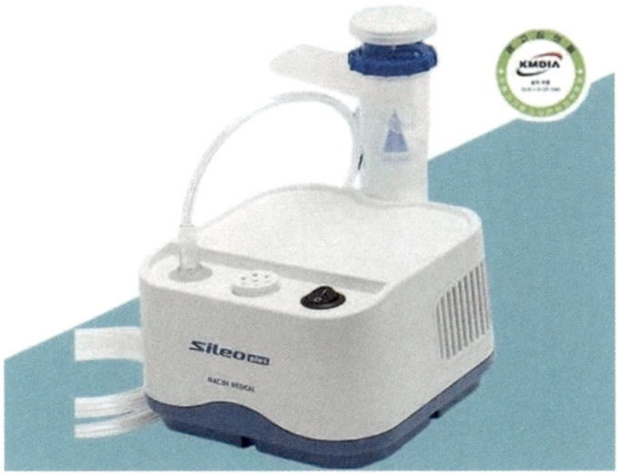	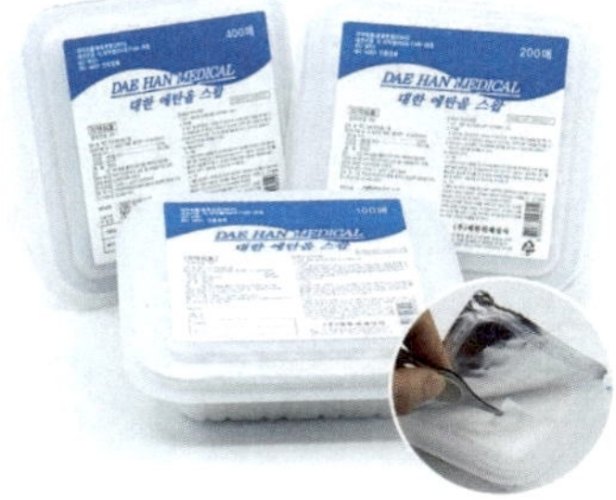

출처: 멸균 생리식염수(https://www.rxshop.co.kr/mall/)
수액세트(https://bizpharm.co.kr/product/)
정맥 카테터(https://www.allforlab.com/pdt/)
헤파린 캡(https://yag25.com/goods/goods_view.php?goodsNo=1000004021)
앰플과 바이알(https://namu.wiki/w/%EB%B0%94%EC%9D%B4%EC%95%8C)
알약 투약기(https://www.meoda.kr/shop/item.php?it_id=1685422972)
네뷸라이저(http://itempage3.auction.co.kr/DetailView.aspx?itemno=E462047547)
알코올솜(https://www.11st.co.kr/products/4109671542)

실습 방법

1. 피하주사, 근육주사, 정맥주사, 피내주사 등 약물의 적용 부위와 주사 방법에 대해 이해한다.

2. 수액 투여의 목적과 다양한 경로에 대해 이해하고, 수액세트 설치 보조 과정을 학습한다.
   1) 정맥, 피하, 복강 내 투여
   2) 수액종류, 수액세트 종류, 정맥 카테터 게이지 등을 확인하고 준비한다.

3. 앰플과 바이알의 사용 방법에 대해 이해하고 학습한다.
   1) 주사 종류와 투여 경로에 대해 이해한다.
   2) 사용하기 전 주의사항을 숙지하고, 사용 후 처리 방법을 이해한다.

4. 알약 투약기를 이용한 경구 투여 방법을 이해하고 학습한다.

5. 네뷸라이저 사용이 필요한 경우에 대해 이해하고, 사용 방법을 학습한다.

실습 일자	월 일 ( ) 주차
실습 내용	
내용 요약	

5 약물 유형별 투약 이해하기

실습 목적

1. 안과, 귀, 피부 등의 질병 관련 약물의 종류를 이해할 수 있다.
2. 점안제, 점이제, 도포제 등의 종류를 이해할 수 있다.
3. 약물 제형의 종류를 이해할 수 있다.

실습 준비물

점안제(안약)	점이제(귀약)
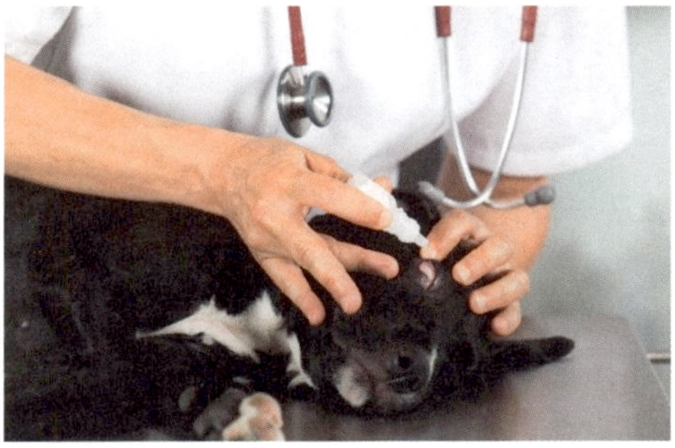	

도포제	약물 제형
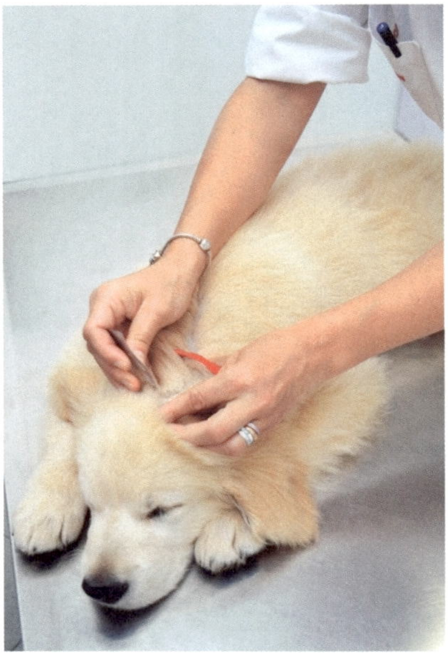	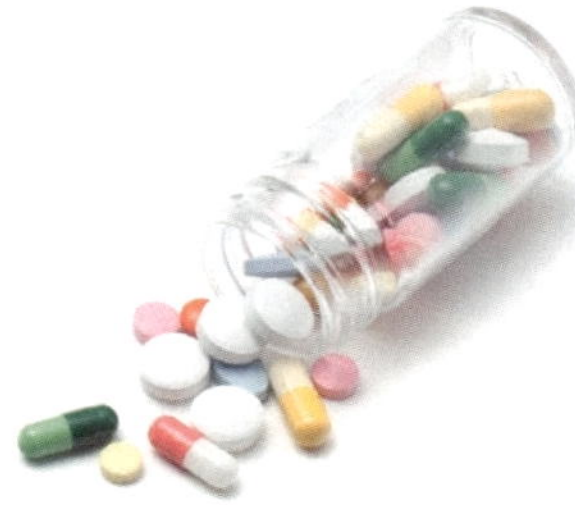
	반고형제제
	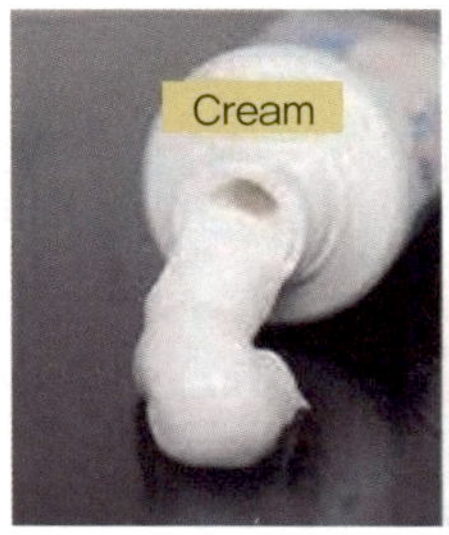 

실습 방법

1. 약물 투여 보조 방법을 숙지한다.

2. 투여 경로에 따른 약물의 종류를 이해하고 숙지한다
   1) 점안제
   2) 점이제
   3) 도포제
   4) 주사제

3. 제형에 따른 약물의 종류를 이해하고 숙지한다.

1) 고형제제 – 분말(powder), 과립(granule), 정제(tablet), 캅셀(capsule)

2) 액상제제 – 시럽(syrup), 현탁액(suspension)

3) 반고형제제 – 연고(ointment), 로션, 크림

4) 주사제 – 앰플, 바이알, 수액

4. 약물의 종류 및 제형에 따른 사용 방법과 주의사항을 이해하고 숙지한다.

실습 일자	월 일 ( ) 주차
실습 내용	
내용 요약	

6 보호자 응대

실습 목적

1. 보호자에게 처방받은 약물의 투약 방법에 대해 설명할 수 있다.
2. 보호자에게 투약 시 주의사항에 대해 설명할 수 있다.
3. 보호자에게 약물의 보관법에 대해 설명할 수 있다.

실습 준비물

개 장기 모형	고양이 장기 모형

출처: 개 장기 모형(https://m.smmedic.co.kr/goods/view?no=233136)
고양이 장기 모형(https://www.11st.co.kr/products/3822907347)

실습 방법

1. 경구 투약 방법과 주의사항에 대해 학습하고, 보호자 응대를 연습한다.
   1) 알약
   2) 주사기 사용

2. 비경구 투약 방법과 주의사항에 대해 학습하고, 보호자 응대를 연습한다.
   1) 안약
   2) 안연고
   3) 귀약

3. 약물의 독성에 대해 이해하고, 보호자에게 독성물질의 대사 및 주의사항에 대해 설명할 수 있도록 연습한다.

4. 처방된 약물에 따른 보관방법과 주의사항에 대해 보호자 응대를 연습한다.

실습 일자	월 일 ( ) 주차
실습 내용	
내용 요약	

Chapter 09

동물보건행동학 및 실습

학습 목표

- 동물행동학에 대해서 전반적으로 이해할 수 있다.
- 동물행동교정 방법을 습득하고 이해할 수 있다.
- 문제행동의 원인과 해결방안에 대해서 알 수 있다.

학습 내용

1. 동물행동학의 정의와 발달과정
2. 동물의 발달과정
3. 동물행동 이론
4. 행동 교정 트레이닝
5. 문제행동의 원인과 해결방안
6. 보호자 상담

1 동물행동학의 정의와 발달과정

실습 목적

1. 동물행동학의 전반적인 이론을 알 수 있다.
2. 동물의 행동 분야에 대해서 알 수 있다.

실습 준비물

- 교과서
- 동물의 행동 영상
- 개와 고양이 모형

실습 방법

1. 동물행동학의 기본정의와 이론에 대해서 학습한다.
2. 동물행동학의 역사와 배경을 알 수 있다.
3. 동물의 행동 연구의 4가지 분야에 대해서 알 수 있다.

그림 9.1 한쪽다리 들고 배뇨

그림 9.2 늑대의 모습(진화)

출처: Real Foods 매거진

실습 일자	월 일 ( ) 주차
실습 내용	
내용 요약	

2 동물의 발달과정

실습 목적

1. 개의 행동발달 과정에 대해서 알 수 있다.
2. 고양의 행동발달 과정에 대해서 알 수 있다.
3. 카밍시그널에 대해서 알 수 있다.

실습 준비물

- 교과서
- 개와 고양이의 발달 과정 영상
- 개와 고양이 모형

실습 방법

1. 개와 고양이의 행동 발달과정을 학습한다.
2. 발달 단계별 행동특징에 대해 이해한다.
3. 사회화를 위해 필요한 환경과 조건에 대해서 학습한다.
4. 발달과정에 일어나는 건강과 일상생활에서의 문제를 파악하고, 보호자에게 문제 해결을 위한 발달에서의 특징에 대한 설명을 할 수 있도록 학습한다.

그림 9.3 개과 고양이의 발달 과정

실습 일자	월 일 ( ) 주차
실습 내용	
내용 요약	

3. 동물행동 이론

실습 목적

1. 동물의 기본교육 행동 학습을 위한 행동 이론을 알 수 있다.
2. 실제 학습 적용 사례를 알아보고, 적용방안에 대해서 알 수 있다.

실습 준비물

- 교과서
- 동물의 행동을 보여주는 영상

실습 방법

1. 동물행동 교육 이론을 학습 한다.
2. 순화, 고전적 조건화, 조작적 조건화 등 행동 교육에 대한 용어를 이해 하고, 예시 행동 및 교육방법을 토의한다.
3. 영상을 통해 실제 적용 사례를 파악한다.

1. 컨디셔닝(조건화) 전
반응
먹이
조건화되지 않은 자극(UCS)
침 흘림
조건화되지 않은 반응(UCR)
2. 컨디셔닝(조건화) 전
반응
벨소리
중립 자극(NS)
침 흘리지 않음
조건화된 반응 없음
3. 컨디셔닝(조건화) 중
+
반응
벨소리
먹이
침 흘림
조건화되지 않은 반응(UCR)
4. 컨디셔닝(조건화) 후
반응
벨소리
조건화된 자극(CS)
침 흘림
조건화된 반응(CR/CER)

그림 9.4 고전적 조건화

실습 일자	월 일 ( ) 주차
실습 내용	
내용 요약	

4 행동 교정 트레이닝

실습 목적

1. 행동이론을 바탕으로 실질적으로 현장에서 어떠한 방식으로 행동교육을 진행하는 알 수 있다.

실습 준비물

- 교과서
- 동물의 행동을 보여주는 영상
- 개, 고양이 등과 같은 반려동물
- 클리커

그림 9.5 클리커

실습 방법

1. 동물에게 기본적인 행동(앉아, 기다려, 손 등)을 실제도 교육하여 행동을 수행할 수 있다.
2. 순화, 고전적 조건화, 조작적 조건화 등 행동 교육에 대한 용어를 이해하고, 예시행동 및 교육방법을 토의한다.
3. 영상을 통해 실제 적용 사례를 파악한다.

실습 일자	월　　　일 (　　　　) 주차
실습 내용	
내용 요약	

5 문제행동의 원인과 해결방안

실습 목적

1. 동물의 기본정보를 통해서 동물을 행동문제 원인을 파악할 수 있다.
2. 동물의 문제행동 해결방안에 대해서 적절하게 대처할 수 있다.

실습 준비물

- 개, 고양이의 문제행동 영상
- 행동 상담일지

실습 방법

1. 동물의 종, 성별, 연령 등 객관적인 정보와 보호자가 느끼는 행동 원인에 대한 주관적인 정보를 통해 문제행동 원인을 파악한다.
2. 문제행동 해결을 위해 필요한 환경, 보호자의 자세, 행동 교구 등에 대해서 환경분석을 진행한다.
3. 문제행동 해결을 위한 구조화 작업을 하여 해결안은 제시하고, 실천한다.

그림 9.6 개 무는 행동

그림 9.7 고양이 하악질

실습 일자	월 일 ( ) 주차
실습 내용	
내용 요약	

6 보호자 상담

실습 목적

1. 상담 정의에 대해서 알 수 있다.
2. 보호자 상담과정과 기법에 대해서 알 수 있다.

실습 준비물

- 개, 고양이의 문제행동 영상
- 행동 상담일지

실습 방법

1. 문제행동을 영상을 보고 생활에 불편함을 느끼는 보호자와 상담시 필요한 상담과정을 진행한다.
2. 상담과정에서 필요한 기법이 무엇인지 파악하고, 기법 활용을 실천해본다.
3. 실상담일지를 작성해본다.

실습 일자	월 일 ( ) 주차
실습 내용	
내용 요약	

저자소개

■ **김옥진**

서울대학교 수의과대학 및 동대학원 · 수의학박사
前 미국 농무부 USDA 연구과학자
現 원광대학교 동물보건학과 · 대학원 동물매개심리치료학과 교수
現 대한수의학회 부회장
現 한국동물매개심리치료학회 회장

■ **이미진**

전북대학교 수의과대학 및 동대학원 · 수의학박사
前 서울대학교 수의과대학 수의학과 임상조교수
現 원광대학교 보건과학대학 동물보건학과 조교수
現 한국수의영양학회 학술이사
現 (사)한국동물보건사대학교육협회 회원

■ **유광수**

미네소타주립대 수의과대학 수의학박사
前 전북대학교 인수공통전염병연구소 수의연구관
前 대한인수공통감염병학회 이사
現 원광대학교 동물보건학과 조교수
現 (사)한국동물보건사대학교육협회 회원

■ **이현아**

원광대학교 일반대학원 농학과 농학박사
前 한국한의학연구원 박사 후 연구원
現 원광대학교 반려동물산업과 조교수
現 한국동물매개심리치료학회 상임이사
現 (사)한국동물보건사대학교육협회 회원

■ **강원국**

원광대학교 일반대학원 농학과 농학박사
前 원광대학교 반려동물산업과 초빙교수
現 원광대학교 반려동물산업과 조교수
現 한국동물매개심리치료학회 상임이사
現 (사)한국동물보건사대학교육협회 회원

동물보건 교육 실습서

초판 1쇄 인쇄 / 2024년 9월 20일
초판 1쇄 발행 / 2024년 9월 25일

공저자 / 김옥진 이미진 유광수 이현아 강원국
발행인 / 이 중 수
발행처 / **동 문 사**

서울특별시 서대문구 홍제원 1길 12
(홍제동 137-8)
Tel : 02)736-3718(대), 736-3710, 3720
Fax : 02)736-3719

등록번호 : 1974.04.27. 제9-17호
가격 : 22,000원

ISBN : 979-11-6328-614-1 (93520)
E-mail : dong736@naver.com
www.dongmunsa.com